Infocracia

Dados Internacionais de Catalogação na Publicação (CIP)
(Câmara Brasileira do Livro, SP, Brasil)

Han, Byung-Chul
  Infocracia : digitalização e a crise da democracia / Byung-Chul Han ; tradução de Gabriel S. Philipson. – Petrópolis, RJ : Vozes, 2022.

  Título original: Infokratie

  6ª reimpressão, 2025.

  ISBN 978-65-5713-566-2

  1. Ciências políticas 2. Comunicação de massa 3. Comunicação digital 4. Crise econômica 5. Democracia 6. Inteligência artificial 7. Mídia social 8. Sociedade da informação I. Título.

22-103870   CDD-302.2

Índices para catálogo sistemático:
1. Democracia : Comunicação 302.2

Maria Alice Ferreira – Bibliotecária – CRB-8/7964

BYUNG-CHUL HAN
Infocracia
Digitalização e crise da democracia

Tradução de Gabriel S. Philipson

EDITORA
VOZES

Petrópolis

© Matthes & Seitz Berlin Verlag, Berlin, 2021.

Tradução do original em alemão intitulado *Infokratie – Digitalisierung und die Krise der Demokratie*

Direitos de publicação em língua portuguesa – Brasil:
2022, Editora Vozes Ltda.
Rua Frei Luís, 100
25689-900 Petrópolis, RJ
www.vozes.com.br
Brasil

Todos os direitos reservados. Nenhuma parte desta obra poderá ser reproduzida ou transmitida por qualquer forma e/ou quaisquer meios (eletrônico ou mecânico, incluindo fotocópia e gravação) ou arquivada em qualquer sistema ou banco de dados sem permissão escrita da editora.

CONSELHO EDITORIAL	PRODUÇÃO EDITORIAL
Diretor	Aline L.R. de Barros
Volney J. Berkenbrock	Jailson Scota
	Marcelo Telles
Editores	Mirela de Oliveira
Aline dos Santos Carneiro	Natália França
Edrian Josué Pasini	Otaviano M. Cunha
Marilac Loraine Oleniki	Priscilla A.F. Alves
Welder Lancieri Marchini	Rafael de Oliveira
	Samuel Rezende
Conselheiros	Vanessa Luz
Elói Dionísio Piva	Verônica M. Guedes
Francisco Morás	
Gilberto Gonçalves Garcia	
Ludovico Garmus	
Teobaldo Heidemann	

Secretário executivo
Leonardo A.R.T. dos Santos

Diagramação: Raquel Nascimento
Revisão gráfica: Alessandra Karl
Capa: Pierre Fauchau
Adaptação de capa: Editora Vozes

ISBN 978-65-5713-566-2 (Brasil)
ISBN 978-3-75180-526-1 (Alemanha)

Este livro foi composto e impresso pela Editora Vozes Ltda.

Sumário

Regime de informação, 7

Infocracia, 25

O fim da ação comunicativa, 47

Racionalidade digital, 63

A crise da verdade, 81

Regime de informação

Chamamos regime de informação a forma de dominação na qual informações e seu processamento por algoritmos e inteligência artificial determinam decisivamente processos sociais, econômicos e políticos. Em oposição ao regime disciplinar, não são *corpos e energias* que são explorados, mas *informações e dados*. Não é, então, a posse de meios de produção que é decisiva para o ganho de poder, mas o acesso a dados utilizados para vigilância, controle e prognóstico de comportamento psicopolíticos. O regime de informação está acoplado ao capitalismo da informação, que se desenvolve em capitalismo da vigilância e que degrada os seres humanos em gado, em *animais de consumo* e *dados*.

O regime disciplinar é a forma de dominação do capitalismo industrial. Assume, ele mesmo, uma forma maquinal. Todos e cada um são uma roldana no interior da maquinaria disciplinar do poder. O poder disciplinar penetra nos nervos e nas fibras musculares e faz "de uma massa disforme, de um corpo inábil" uma "máquina"[1]. Fabrica corpos "dóceis": "dócil é um corpo que pode ser submetido, que pode ser explorado, que pode ser remodelado e aperfeiçoado"[2]. Corpos dóceis como máquinas de produção não *portam dados e informações*, mas *energia*. No regime disciplinar, os seres humanos são adestrados em um *animal do trabalho*.

O capitalismo da informação, assentado sobre a comunicação e a conexão, torna obsoletas técnicas disciplinares como a isolação espacial, a regulamentação rigorosa do trabalho ou o adestramento corporal. A "docilidade" (*Gelehrigkeit*, a capacidade de aprender, como em alemão se traduziu o termo francês *docilité*), que significa também obediência ou ductilida-

---

1. FOUCAULT, M. *Überwachen und Strafen*. Die Geburt des Gefängnisses. Frankfurt am Main, 1977, p. 173 [trad. bras.: *Vigiar e punir*. Petrópolis: Vozes, 2007].

2. Ibid., p. 174-175.

de, não é o ideal do regime da informação. O sujeito submisso do regime de informação não é nem dócil, nem obediente. Ao contrário, supõe-se *livre, autêntico* e *criativo*. *Produz-se e se performa.*

O regime disciplinar de Foucault aplica o isolamento como meio de dominação: "a isolação é a primeira condição da submissão total"[3]. O panóptico, com celas isoladas umas das outras, é o símbolo e o ideal do regime disciplinar. O isolamento não pode mais ser transposto ao regime da informação, que explora, justamente, a comunicação. A vigilância no regime da informação ocorre por meio de dados. Os reclusos isolados do panóptico disciplinar não produzem dados, não deixam rastros de dados, pois *não se comunicam.*

O alvo do poder disciplinar biopolítico é o corpo: "para a sociedade capitalista, é a biopolítica que conta o biológico, o somático, o corporal"[4]. No regime biopolítico, os corpos

---

3. Ibid., p. 304.

4. FOUCAULT, M. Die Geburt der Sozialmedizin [O nascimento da medicina social]. In: *Schriften in vier Bänden* [*Escritos em 4 tomos*]. Tomo 3. Frankfurt am Main, 2003,

são arreados em um maquinário de produção e vigilância que o otimiza por meio da ortopedia disciplinar. O regime da informação, porém, cujo surgimento Foucault evidentemente não percebeu, não segue uma *biopolítica*. Seu interesse não está no corpo. Apodera-se da *psique* pela *psicopolítica*. O corpo é, hoje, em primeira linha um objeto da estética e do fitness. Ele está, ao menos no capitalismo ocidental da informação, em sua maior parte livre do poder disciplinar que o adestra em máquina do trabalho. É, então, absorvido pela indústria da beleza.

Cada dominação segue sua própria *política de exibição*. No regime da soberania, encenações suntuosas do poder são essenciais para a dominação. O teatro é o meio. A dominação se apresenta no brilho teatral. Sim, é o *brilho* que a legitima. Cerimônias e símbolos do poder estabilizam a dominação. Coreografias populares e acessórios da violência, a festa sorumbática e o cerimonial do castigo perten-

p. 272-297, aqui p. 275. [trad. bras.: "O nascimento da medicina social". In: MACHADO, R. (org.). *Microfísica do poder*. São Paulo: Graal, 1984, p. 79-98].

cem à dominação como teatro e espetáculo. O martírio corporal é posto em exibição popular. A esfera pública é um palco. O poder da soberania atua pela visibilidade teatral. É um poder que se faz ver, se manifesta, se vangloria e irradia. Os subjugados, contudo, sobre os quais se desenvolve, ficam, em grande medida, invisíveis.

Em oposição ao regime de soberania pré--moderno, o regime disciplinar moderno não é uma sociedade do teatro, mas uma sociedade da vigilância. Festas suntuosas da soberania e exibições espetaculares do poder dão lugar a burocracias nada espetaculares da vigilância. As pessoas "não são postas sobre o palco, nem classificadas por estamentos", mas arreadas na "engrenagem da máquina panóptica"[5]. No regime disciplinar, a relação da visibilidade se inverte completamente. O que é feito visível não são os dominadores, mas os dominados. O poder disciplinar se faz invisível, enquanto aos súditos é imposta uma visibilidade permanente. Com isso, o acesso do poder é assegurado e os

---

5. FOUCAULT, M. *Überwachen und Strafen*. Op. cit., p. 279.

submetidos ficam expostos no foco da iluminação. O "ser-visto ininterrupto" é o que mantém o indivíduo disciplinar em sua submissão[6].

A eficiência do panóptico disciplinar consiste em que os reclusos se sintam constantemente vigiados. Eles interiorizam a vigilância. É essencial para o poder disciplinar a "criação de um estado de visibilidade consciente e permanente"[7]. No estado da vigilância de George Orwell, o Big Brother cuida da visibilidade constante: *Big Brother is watching you* (o Grande Irmão está vigiando você). No regime disciplinar, medidas espaciais, como inclusão e isolamento, garantem a visibilidade dos submissos. A estes são impostas no espaço determinadas posições que não devem ser abandonadas. A mobilidade é restringida de modo massivo, fazendo com que não sejam capazes de se livrar do acesso panóptico.

Na sociedade da informação, os locais de incorporação do regime disciplinar se desfazem em redes abertas. Para o regime da infor-

---

6. Ibid., p. 241.

7. Ibid., p. 258.

mação, valem os seguintes princípios topológicos: descontinuidades são reduzidas em prol de continuidades. No lugar de encerramentos e conclusões, aparecem aberturas. Celas isoladas são substituídas por redes de comunicação. A visibilidade é, então, produzida de toda outra maneira, *não pelo isolamento, mas pela conexão*. A técnica digital da informação faz com que a comunicação vire vigilância. Quanto mais geramos dados, quanto mais intensivamente nos comunicamos, mais a vigilância fica eficiente. O telefone móvel como aparato de vigilância e submissão explora a liberdade e a comunicação. Nos regimes de informação, as pessoas não se sentem, além disso, vigiadas, mas livres. Paradoxalmente, é o sentimento de liberdade que assegura a dominação. Nisso se distingue fundamentalmente o regime da informação do regime disciplinar. *A dominação se faz no momento em que liberdade e vigilância coincidem.*

O regime de informação se garante sem uma coação disciplinar. Às pessoas não são impostas uma visibilidade panóptica. Ao contrário, desnudam-se sem qualquer coação externa por necessidade interior. *Produzem-se,* ou seja, se põem em cena. Em francês, *se produire* significa *deixar-se ver.* No regime de informação, as pessoas se empenham *por si mesmas* à visibilidade, enquanto no regime disciplinar isto lhes é imposto. Metem-se voluntariamente no foco de luz, até mesmo desejam isso, enquanto os reclusos do panóptico disciplinar procuram sair dele.

Transparência significa a política do se tornar visível do regime da informação. Quem só faz alusão à política pública da informação de uma instituição ou pessoa, ignora seu alcance. A transparência é a *coação sistêmica do regime de informação.* O imperativo da transparência é: *tudo deve estar disponível na condição de informação.* Transparência e informação têm o mesmo significado. A sociedade da informação é a sociedade da transparência. O imperativo da transparência faz com que as informações circulem livremente. Não são as pessoas que são realmente livres, mas as informações. O paradoxo da sociedade de informação é: *as pessoas estão aprisionadas nas informações.* Afivelam elas mesmas os grilhões ao se comunicarem e ao produzirem informações. *O presídio digital é transparente.*

A loja modelo da Apple em Nova Iorque é um cubo de vidro. É um *templo da transparência.* O que cumpre a função do tornar visível na política é a contrafigura arquitetônica da Caaba em Meca. Caaba significa literalmente cubo. Um manto preto cerrado a despoja de visibilidade. Apenas os sacerdotes têm acesso ao interior da construção. O *arcano* que se nega a toda visibilidade é constitutivo da dominação teopolítica. O espaço mais interior, privado de visibilidade, no templo grego se chama *ádito* (literalmente: inacessível). Apenas sacerdotes têm acesso ao espaço sagrado. A dominação se funda aqui no arcano. A loja transparente da Apple, contudo, fica aberta dia e noite. É no subsolo que as vendas acontecem. Como clientes, todos podemos acessá-la. A Caaba com manto preto e a loja de vidro da Apple ilustram duas formas distintas de dominação: *arcana e transparente.*

Pode ser que o cubo de vidro da Apple sugira liberdade e comunicação ilimitada, mas, na realidade, incorpora a *dominação impiedosa da informação*. O regime de informação torna o ser humano completamente transparente. A própria dominação nunca é transparente. Não há *dominação transparente*. A transparência é o lado da frente de um processo que se despoja de visibilidade. A própria transparência nunca é transparente. Ela tem um lado de trás. *A sala de máquinas da transparência é escura.* Desse modo, denunciamos o poder que se torna cada vez maior da caixa-preta algorítmica.

A dominação do regime de informação é ocultada, na medida em que se funde completamente com o cotidiano. É encoberta atrás da complacência das mídias sociais, da comodidade das máquinas de busca, das vozes embalantes das assistentes de voz ou da oficiosidade prestativa dos *smart apps*, os aplicativos inteligentes. O *smartphone* se revela como um *informante* eficiente, que nos submete a uma vigilância duradoura. A *Smart Home*, a casa inteligente, transfigura a casa toda em uma prisão digital que protocola minuciosamente nossa vida cotidiana. O robô-aspirador-de-pó *smart*, que nos poupa da limpeza cansativa, mapeia a casa toda. A *Smart Bed*, a cama inteligente, com seus sensores conectados, prolonga a vigilância também durante o sono. A vigilância infiltra-se no cotidiano na forma da *conveniência*. No presídio digital como zona de bem-estar *smart* não se ergue nenhuma oposição contra o regime dominante. O *Like* exclui toda revolução.

O capitalismo da informação se apropria das técnicas de poder neoliberais. Em oposição às técnicas do poder do regime disciplinar, não trabalham com coação e interdições, mas com *estímulos positivos*. Exploram a liberdade, em vez de a reprimir. Conduzem nossa vontade a âmbitos inconscientes, em vez de romper com ela com violência. O poder disciplinar repressivo dá lugar a um poder *smart*, que não dá ordens, mas *sussurra*, que não comanda, mas que *nudge*, quer dizer, que *dá um toque* com meios sutis para controlar o comportamento. *Vigiar e punir*, as características do regime disciplinar de Foucault, dão lugar a *motivar e otimizar*. No regime de informação neoliberal, a dominação se dá como *liberdade, comunicação e Community*, comunidade.

Os *influencers* no YouTube e no Instagram também interiorizaram técnicas de poder neoliberais. Não importa se influencer Fitness, de beleza ou de viagem, invocam sem parar liberdade, criatividade e autenticidade. Propagandas, nas quais os produtos enviados encaixam em sua autoencenação, não passam a sensação de serem maçantes. São, assim, especialmente procuradas e cobiçadas, enquanto anúncios convencionais no YouTube são excluídos pelo Ad-Blocker. Os *influencers* são adorados como modelos. Tudo assume, desse modo, uma dimensão religiosa. Influenciadores do tipo de treino motivacional se comportam como se fossem redentores. Os *Followers*, os seguidores, se comportam como discípulos, participando de sua vida, na medida em que compram produtos que pretendem consumi-los em seu próprio cotidiano encenado. Os *followers* participam, assim, de uma *eucaristia digital*. Mídias sociais se assemelham a uma igreja: *Like é amém. Compartilhar é comunicação. Consumo é redenção*. A repetição como dramaturgia do *influencer* não leva ao tédio e à rotina. Ao contrário, dá ao todo o *caráter de uma liturgia*. Ao mesmo tempo, os influenciadores deixam aparecer produtos de consumo como utensílios de autorrealização. Desse modo, consumimo-nos até a morte, enquanto nos realizamos para a morte. Consumo e identidade se tornam a mesma coisa. A identidade é, ela própria, uma mercadoria.

Nós nos imaginamos em liberdade, enquanto nossa vida está submetida a uma protocolização total para o controle psicopolítico do comportamento. No regime de informação neoliberal, não é a consciência da vigilância permanente que garante o funcionamento do poder, mas a *liberdade sentida*. Em oposição àquela teletela *intangível* do Big Brother, a *Touchscreen smart* torna tudo disponível e consumível. Produz, assim, a ilusão de uma "liberdade da ponta dos dedos"[8]. No regime de informação, *ser livre* não significa *agir*, mas clicar, curtir e postar. Não surge, assim, nenhuma resistência. Não é preciso temer nenhuma revolução. Dedos não são capazes de ação em sentido enfático (*Handlung*, a palavra alemã para "ação", é, literalmente, o que é feito pelas *mãos*).

---

8. FLUSSER, V. *Dinge und Undinge*. Phänomenologische Skizzen [*Coisas e não coisas*. Rascunhos fenomenológicos]. Munique, 1993, p. 87.

São meramente um *órgão de escolha consumista*. Consumo e revolução se excluem.

Uma das principais características do totalitarismo clássico como religião política secular é a ideologia que erige uma "exigência de explicação total do mundo". A ideologia como *narrativa* promete "a explicação total de tudo que acontece historicamente, e também a explicação total do passado, o conhecimento total de si no presente e o prognóstico confiável do futuro"[9]. A ideologia como explicação total do mundo suprime toda experiência contingente, toda incerteza.

Com seu dataísmo, o regime de informação revela traços totalitários. Aspira ao saber total. Mas o saber total dataísta não é alcançado pela *narração* ideológica, mas pela *operação* algorítmica. O dataísmo quer *calcular* tudo que é e será. O Big Data não *conta*, não *narra*. Contos e narrativas dão lugar às contas algorítmicas. O regime de informação substi-

---

9. ARENDT, H. *Elemente und Ursprünge totaler Herrschaft* [*Elementos e origens do totalitarismo*]. Munique, 2006, p. 964 [trad. bras.: *Origens do totalitarismo*: Antissemitismo, Imperialismo, Totalitarismo. São Paulo: Companhia das Letras, 1997].

tui completamente a narrativa pelo numérico. Algoritmos, não importa o quão inteligentes possam ser, não são capazes de eliminar a experiência da contingência de maneira tão eficaz quanto uma narrativa o é.

O totalitarismo dá adeus à realidade, tal qual ela nos é *dada* [*gegeben*] por nossos cinco sentidos. Constrói uma realidade *própria* atrás do *dado* [*gegeben*], fazendo necessário um sexto sentido. O dataísmo, ao contrário, se sustenta sem o sexto sentido. Não transcende a *imanência do que está dado* [*gegeben*], ou seja, os *dados* [*Daten*]. A palavra *datum*, em latim, que vem de *dare* (dar, *geben* em alemão), significa literalmente o *dado* [*Gegebene*]. O dataísmo não imagina uma outra realidade atrás do que está dado [*Gegebenen*], do dado [*Daten*], pois é um *totalitarismo sem ideologia*.

O totalitarismo forma uma massa obediente que se submete a um *Führer*, a um líder. A ideologia anima a massa. Ela lhe insufla uma *alma*. Gustave Le Bon falava, assim, em *Psicologia das massas*, da alma da massa que uniformiza a ação da massa. O regime da informação, contudo, *singulariza* as pessoas.

Mesmo quando se reúnem, não formam uma massa, mas enxames digitais que não seguem *um Führer*, um líder, mas seus *influencers*.

Mídias eletrônicas são, nesse sentido, mídias de massa, uma vez que produzem um ser humano da massa: "O ser humano da massa é o habitante eletrônico do globo terrestre e está conectado ao mesmo tempo com todas as outras pessoas, como se fosse um espectador de um estádio esportivo global"[10]. O ser humano da massa não tem identidade. Ele é "ninguém". Mídias digitais põem fim ao tempo do ser humano de massa. O habitante do globo terrestre digitalizado não é "ninguém". É, ao contrário, um *alguém com perfil*, enquanto na era da massa, apenas criminosos tinham perfil. O regime de informação se apodera dos indivíduos, à medida que lhes elabora seus *perfis de comportamento*.

Para Walter Benjamin, a câmera do filme outorga o acesso a uma forma particular de inconsciente. Ele o chama de "inconsciente óp-

---

10. MCLUHAN, M. *Wohin steuert die Welt?* Massenmedien und Gesellschaftsstruktur [*Aonde vai o mundo?* Mídias de massa e estrutura da sociedade]. Viena, 1978, p. 174.

tico". *Close-ups* e câmera lenta tornariam visíveis micromovimentos e ações imperceptíveis a olho nu. Levariam à aparição de um espaço inconsciente: "o inconsciente óptico experimentamos primeiro por ela [a câmera], assim como o inconsciente-pulsional pela psicanálise"[11]. Os pensamentos de Benjamin sobre o inconsciente óptico podem ser transpostos ao regime da informação. Big Data e inteligência artificial constituem uma *lupa digital* que explora o inconsciente, oculto ao próprio agente, atrás do espaço de ação consciente. Em analogia ao inconsciente óptico, podemos chamá-lo de *inconsciente digital*. O Big Data e a inteligência artificial levam o regime da informação a um lugar em que é capaz de influenciar nosso comportamento num nível que fica embaixo do limiar da consciência. O regime da informação se apodera das camadas pré-reflexivas, pulsionais, emotivas, do comportamento antepostas às ações conscientes. Sua psicopo-

---

11. BENJAMIN, W. *Das Kunstwerk im Zeitalter seiner technischen Reproduzierbarkeit* [*A obra de arte na era de sua reprodutibilidade técnica*]. Frankfurt am Main, 1963, p. 36. [trad. bras.: *A obra de arte na era de sua reprodutibilidade técnica*. Porto Alegre: L&PM Pocket, 2019].

lítica dado-pulsional intervém em nosso comportamento, sem que fiquemos conscientes dessa intervenção.

Toda mudança decisiva de mídia produz um novo regime. *Mídia é dominação*. Perante a revolução eletrônica, Carl Schmitt se viu coagido a redefinir sua famosa proposição sobre a soberania: "Após a Primeira Guerra, eu disse: 'soberano é quem decide sobre o estado de exceção'. Após a Segunda Guerra, diante da morte, digo agora: 'soberano é quem dispõe das ondas do espaço"[12]. Mídias digitais produzem a dominação da informação. As ondas, as mídias de massa eletrônica, perderam significado. Decisivo para o ganho de poder é, então, a posse de informações. Não é a propaganda em mídias de massa, mas as informações que garantem a dominação. Face à revolução digital, Schmitt poderia querer reescrever mais uma vez sua proposição sobre a soberania: *soberano é quem dispõe das informações em rede.*

---

12. LINDER, C. *Der Bahnhof von Finnentrop – Eine Reise ins Carl Schmitt Land* [*A estação de Finnentrop* – Uma viagem à terra de Carl Schmitt]. Berlim, 2008, p. 423.

Infocracia

A digitalização do mundo da vida avança, implacável. Submete a uma mudança radical nossa percepção, nossa relação com o mundo, nossa convivência. Ficamos atordoados pela embriaguez de comunicação e informação. O tsunami de informação desencadeia forças destrutivas. Abrange também, nesse meio-tempo, âmbitos políticos e leva a fraturas e disrupções massivas no processo democrático. A democracia degenera em *infocracia*.

No início da democracia, a mídia determinante era o livro. Este estabelece um discurso racional do Esclarecimento. A esfera pública discursiva, essencial para a democracia, se deve ao público leitor pensante. Em *Mudança estrutural da esfera pública*, Habermas aponta para uma relação íntima entre o livro e a esfera pública democrática: "com um público leitor universal, composto sobretudo de cidadãos da cidade e civis, que se estende sobre a república dos eruditos [...] surge, por assim dizer, do centro da esfera privada uma rede relativamente densa de comunicação pública"[13]. Sem a impressão de livro, não teria sido possível haver o Esclarecimento, que faz uso da razão, do pensamento raciocinante. Na cultura livresca, o discurso apresenta uma coerência lógica: "em uma cultura determinada pela impressão de livros, o discurso público é caracterizado, em geral, por uma disposição coerente, regulada, de fatos e pensamentos"[14].

O discurso político do século XIX, marcado pela cultura livresca, tinha toda uma outra largura e complexidade. Os famosos debates públicos entre o republicano Abraham Lincoln

---

13. HABERMAS, J. *Strukturwandel der Öffentlichkeit. Untersuchungen zu einer Kategorie der bürgerlichen Gesellschaft*. Frankfurt am Main, 1990, p. 13. [trad. bras.: *Mudança estrutural da esfera pública*: investigações quanto a uma categoria da sociedade burguesa. Rio de Janeiro: Tempo Brasileiro, 2003].

14. POSTMAN, N. *Wir amüsieren uns zu Tode* – Urteilsbildung im Zeitalter der Unterhaltungsindustrie [Divertir-se até morrer. Formar julgamentos na era da indústria do entretenimento]. Frankfurt am Main, 1988, p. 68.

e o democrata Stephen A. Douglas dão um exemplo bem evidente disso. No duelo de discursos de 1854, Douglas falou, num primeiro momento, durante três horas inteiras. Em sua réplica, Lincoln teve à disposição igualmente três longas horas. Em seguida à réplica de Lincoln, Douglas ainda falou por mais uma hora. Ambos os oradores debateram questões políticas complexas com formulações em parte bastante complexas. A capacidade de concentração do público era extraordinariamente alta. Além disso, os participantes do discurso público eram, para as pessoas de então, um componente sólido de sua vida social.

As mídias eletrônicas de massa destroem o discurso racional marcado pela cultura livresca. Produzem uma *midiocracia*. Elas têm uma arquitetônica particular. Por serem estruturadas como um anfiteatro, os receptores ficam condenados à passividade. Habermas considera as mídias de massa as responsáveis pelo declínio da esfera pública democrática. Em oposição ao público leitor, o público da televisão estaria exposto ao perigo de uma interdição [*Entmündigung*]: "os programas transmitidos pelas novas mídias cerceiam [...] peculiarmente as reações dos receptores. Colocam o público, na condição de ouvintes e assistentes, em estado de encanto, tomam-lhe, contudo, igualmente a distância da 'emancipação' [*Mündigkeit*], a saber, a chance de poder falar e contradizer. O pensamento raciocinante de um público leitor tende a dar lugar ao 'gosto', ao 'intercâmbio de inclinações' de consumidores [...]. O mundo engendrado pelas mídias de massa apenas em aparência é esfera pública ainda"[15].

Na midiocracia, também a política se submete à lógica das mídias de massa. O entretenimento determina a mediação de conteúdos políticos e deteriora a racionalidade. Em seu texto, *Divertindo-nos até morrer*, o teórico das mídias estadunidense Neil Postman, mostra como o infoentretenimento leva à decadência da faculdade de julgar humana e lança a democracia em uma crise. Da democracia faz-se uma *telecracia*. O entretenimento é o

---

15. HABERMAS, J. *Strukturwandel der Öffentlichkeit*. Op. cit., p. 261.

mandamento supremo, ao qual também a política se submete: "No lugar de empenhar-se por conhecimento e percepção, surge o negócio da diversão. A consequência disso é uma decadência rápida da faculdade de juízo humana. Introduz-se nela uma ameaça inequívoca: tornar-nos imaturos ou permanecermos na imaturidade. E o fundamento social da democracia é violado. A gente se diverte até morrer"[16]. Notícias se tornam similares a uma narrativa. A distinção entre ficção e realidade desaparece. Habermas também remete ao infoentretenimento e a suas consequências destrutivas para o discurso: "notícias e reportagens, até mesmo posicionamentos são dotados com um inventário oriundo da literatura do entretenimento"[17].

A midiocracia é, ao mesmo tempo, uma *teatrocracia*. A política se esgota em encenações midiáticas de massa. No apogeu da midiocracia, o ator Ronald Reagan foi eleito

---

16. POSTMAN, N. *Wir amüsieren uns zu Tode*. Op. cit., p. 2.

17. HABERMAS, J. *Strukturwandel der Öffentlichkeit*. Op. cit., p. 260.

presidente dos Estados Unidos. Nos debates televisivos entre oponentes, não se trata de argumentos, mas de *performance*. O tempo de fala dos candidatos também foi radicalmente encurtado. O estilo do discurso se altera. Quem melhor se puser em cena é quem ganha a eleição. O discurso degrada-se em show e propaganda. Conteúdos políticos têm um papel cada vez menor. A política perde, desse modo, sua substância, erodida em uma imagem telecrática da política.

A televisão fragmenta o discurso. Até mesmo as mídias impressas se orientam pela televisão: "na era da televisão, a notícia breve é a unidade básica das notícias nas mídias impressas. [...] não deve durar muito para que seja conferido um prêmio para a melhor notícia de uma frase só"[18]. O rádio, que serve na verdade para mediações de linguagem racional e complexa, também não está a salvo desse processo de decadência. Sua linguagem se torna igualmente mais fragmentária e descon-

---

18. POSTMAN, N. *Wir amüsieren uns zu Tode*. Op. cit., p. 138-139.

tinuada. O rádio é, além disso, monopolizado pela indústria da música. Sua linguagem é para "provocar reações viscerais"[19]. Ela se desenvolve em equivalente linguístico do rock.

A história da dominação pode ser descrita como a história da dominação por diferentes tipos de tela. Na Alegoria da Caverna, Platão descreve uma tela arcaica. A caverna se parece com um teatro. Os impostores exibem seus "passes de mágica", à medida que, às costas dos prisioneiros, carregam objetos e figuras, cujas sombras são projetadas na parede da caverna pelo fogo. Agrilhoados nos pescoços e nas pernas, os prisioneiros olham fixamente para as imagens de sombra desde pequenos, as tendo como a única realidade. A tela arcaica de Platão ilustra a *dominação dos mitos*.

No Estado totalitário de vigilância de Orwell, uma tela chamada "teletela" assume um papel central. Programas propagandísticos passam ali constantemente. Diante dele, as massas em exaltação coletiva efetuam rituais de submissão em coro. Na habitação privada, a tele-

19. Ibid., p. 139.

tela também funciona como câmera de vigilância com seu microfone sensível. Cada barulho, o mais sutil que seja, é registrado por ele. As pessoas vivem sob o pressuposto de que estão sendo vigiadas permanentemente pela polícia do pensamento. Não se pode desligar a teletela. É também um aparato biopolítico de disciplina. Promove todos os dias uma ginástica da manhã, que serve à produção de corpos dóceis.

A tela de vigilância do Grande Irmão é substituída, na telecracia, pela tela de televisão. As pessoas não são vigiadas, mas entretidas. Não são submetidas, mas tornadas viciadas. A polícia do pensamento e o ministério da verdade são superficiais. Dor e tortura não são usadas como meios de dominação, mas o entretenimento e divertimento: "Em *1984*, acrescenta Huxley, as pessoas são controladas ao se lhes infligir dor. Em *Admirável novo mundo*, ao se lhes infligir divertimento. Em uma palavra, Orwell temia que aquilo que nos é odioso nos arruinasse. Já Huxley, aquilo que amamos"[20].

---

20. Ibid., p. 8.

Admirável novo mundo, de Huxley, está em muitos aspectos mais próximo de nosso presente do que o Estado de vigilância de Orwell. Esse mundo é uma *sociedade paliativa*. A dor é tabu ali. Sensações intensas também são reprimidas. Cada desejo, cada necessidade, é imediatamente satisfeito. As pessoas ficam tontas pela curtição, consumo e divertimento. A coação à felicidade domina a vida. O estado distribui uma droga chamada "soma", para elevar a sensação de felicidade da população. Em *Admirável novo mundo*, de Huxley, há, no lugar da teletela, um "cinema sensível". Na condição de vivência corporal completa, atordoa as pessoas com "órgão de perfumes". Junto com a droga, é utilizado como meio de dominação.

Teletelas e monitores são substituídos hoje pelo *touchscreen*. O novo meio de submissão é o *smartphone*. No regime de informação, as pessoas não são mais telespectadoras passivas, que se rendem ao entretenimento. São emissores ativos. Produzem e consomem, de modo permanente, informações. A embriaguez de comunicação que assume, pois, formas viciadas, compulsivas, retém as pessoas em uma nova menoridade. A fórmula da submissão do regime da informação é a seguinte: *comunicamo-nos até morrer*.

O *Mudança estrutural da esfera pública* (1962) de Habermas conhecia apenas as mídias eletrônicas de massa de sua época. Hoje, as mídias digitais submetem a esfera pública a uma mudança radical de estrutura. De modo que a obra *Mudança estrutural da esfera pública* de Habermas necessita de uma revisão fundamental. Na era das mídias digitais, a esfera pública discursiva não é ameaçada por formatos de entretenimento das mídias de massa, não pelo *infoentretenimento*, mas sobretudo pela propagação e proliferação viral de informação, a saber, pela *infodemia*[21]. No interior das mídias digitais residem, além disso, forças centrífugas que fragmentam a esfera pública. A estrutura de anfiteatro das mídias de massa cede lugar à *estrutura rizomática* das mí-

---

21. Já em meados de fevereiro de 2020, o chefe da Organização Mundial da Saúde, Tedros Adhanom Ghebreyesus, comentou: "não combatemos somente a pandemia; combatemos a infodemia".

dias digitais que não têm centro. Desse modo, nossa atenção não é mais dirigida a temas relevantes para a sociedade como um todo.

Uma fenomenologia da informação é necessária para se adquirir uma compreensão profunda sobre a infocracia, sobre a crise da democracia no regime de informação. Essa crise se inicia já no âmbito cognitivo. Informações têm um espaço de tempo muito estreito de atualidade. Falta-lhes a *estabilidade temporal*, pois vivem no "estímulo da surpresa"[22]. Em virtude de sua instabilidade temporal, fragmentam a percepção. Rompem a realidade em uma "vertigem permanente de atualidade"[23]. Não é possível *demorar* em informações. A coação de aceleração inerente às informações recalca as práticas de tempo intensivo, cognitivas, como *saber, experiência e compreensão*.

---

22. LUHMANN, N. *Entscheidungen in der "Informationsgesellschaft"* [Tomar decisões na "sociedade da informação"] [disponível em: https://www.fen.ch/texte/gast_luhmann_informationsgesellschaft.htm – Acesso em 13/06/2021].

23. FEUSTEL, R. *Am Anfang war die Information* – Digitalisierung als Religion [No início havia a informação – Digitalização como religião]. Berlim, 2018, p. 150.

Em virtude de seus lapsos estreitos de atualidade, as informações atomizam o tempo. O tempo decai em mera sucessão de presentes pontuais. É nisso que as informações se distinguem das narrativas, que geram uma continuidade temporal. O tempo está, hoje, desmembrado em todos os âmbitos. *Arquiteturas de tempo extensas*, que estabilizam tanto a vida como também a percepção, são erodidas a olhos vistos. O caráter geral de *curto-prazo* da sociedade da informação não é benéfico à democracia. No interior do discurso vive uma temporalidade que não se dá com a comunicação acelerada, fragmentada. É uma práxis que requer tempo.

A racionalidade também requer tempo. Decisões racionais são construídas a longo prazo. Uma reflexão as precede que se estende para além do momento no passado e no futuro. Essa extensão temporal caracteriza a racionalidade. Na sociedade da informação, simplesmente não temos tempo para ação racional. A coação da comunicação acelerada nos priva da *racionalidade*. Sob pressão de tempo, acabamos escolhendo pela *inteligência*. A inteligência tem toda uma outra temporalidade. A ação inteligente se orienta a *soluções e resultados de curto prazo*. Assim nota Luhmann, com razão: "em uma sociedade da informação, não se pode mais falar de comportamento racional, mas, no melhor dos casos, de comportamento inteligente"[24].

A racionalidade discursiva é ameaçada, hoje, também pela comunicação afetiva. A gente se deixa *afetar* demais por informações que se seguem apressadas umas às outras. Afetos são mais rápidos do que a racionalidade. Em uma comunicação afetiva, não prevalecem os melhores argumentos, mas as informações com maior potencial de estimular. Desse modo, *fake news*, notícias falsas, geram mais atenção do que fatos. Um único *tuíte* que contenha *fake news* ou fragmentos de informação descontextualizadas é possivelmente mais efetivo do que um argumento fundamentado.

Trump, o primeiro presidente *tuiteiro*, desmembra sua política em *tuítes*. Não são visões,

---

24. LUHMANN, N. *Entscheidungen in der "Informationsgesellschaft"*. Op. cit.

mas informações virais que as determinam e definem. A infocracia promove a ação dirigida ao sucesso, a ação instrumental. O oportunismo se alastra. Com razão, a matemática estadunidense Cathy O'Neil aponta que o próprio Trump age como um algoritmo oportunista perfeito que se ajusta apenas às reações do público. Convicções ou princípios temporalmente estáveis são sacrificados em prol da *efetivação a curto prazo do poder*.

A psicometria, também chamada de psicografia, é um procedimento impulsionado por dados para a produção de um perfil de personalidade. O *profiling* (a caracterização de perfil) psicométrico torna possível prever melhor o comportamento de uma pessoa do que um amigo ou parceiro poderia. Com uma quantidade suficiente de dados, é possível até mesmo gerar informações que excedem aquilo que sabemos de nós mesmos. O *smartphone* é um aparato de gravação psicométrica que alimentamos com dados dia a dia, hora a hora até. Com ele, a personalidade de seu usuário pode ser computada com exatidão. O regime disciplinar tinha à disposição apenas informações *demográficas* que lhe permitiam uma *biopolítica*. O regime da informação, por sua vez, tem acesso a informações psicográficas que utiliza para a *psicopolítica*.

A psicometria é uma ferramenta ideal para o *marketing* político psicopolítico. A assim chamada *microtargeting*, a focalização micro, se vale da caracterização de perfil psicométrica. Tendo os psicogramas dos eleitores como base, essas propagandas personalizadas são filtradas nas mídias sociais. O comportamento eleitoral é influenciado, assim como o comportamento do consumo, em níveis inconscientes. A infocracia impulsionada por dados mina o processo democrático que pressupõe autonomia e liberdade de vontade. A empresa de dados britânica Cambridge Analytica se gaba de deter os psicogramas de todos os cidadãos estadunidenses adultos. Após a vitória de Donald Trump nas eleições de 2016, declarou triunfante: "estamos convencidos que nossa abordagem revolucionária da comunicação impulsionada por dados teve um papel muito decisivo para a extraordinária vitória nas eleições do presidente eleito Donald Trump".

Na focalização micro, os eleitores não são informados sobre o programa político de um partido. São, em vez disso, usadas, com propósitos manipulativos, propagandas eleitorais, não raro *fake news*, enquadradas em seu psicograma. Centenas de milhares de variantes de uma propaganda eleitoral testadas quanto às suas eficiências. Esses *dark ads*, anúncios sombrios, otimizados pela psicometria, constituem um perigo para a democracia. Todos recebem uma notícia diferente, pelo que a esfera pública fica fragmentada. Grupos diferentes recebem informações diferentes que, não raro, se contradizem. Os cidadãos não ficam mais sensibilizados por temas importantes e relevantes da sociedade. Em vez disso, se tornam incapacitados em *gados eleitorais* manipuláveis que devem garantir o poder dos políticos. *Dark ads* contribuem com a cisão e polarização da sociedade e envenenam o ambiente discursivo. São, além disso, invisíveis para a esfera pública. Anulam, com isso, o princípio fundamental da democracia: *a auto-observação da sociedade*.

Hoje, qualquer um que tenha acesso à internet pode construir seu próprio canal de informação. A tecnologia digital da informação é capaz de baixar os custos de informação quase a zero. Com pouco esforço, é possível de modo rápido e sem custos criar uma conta no Twitter ou um canal no YouTube. Na era das mídias de massa, contudo, os custos de produção da informação eram incomparavelmente altos. E a construção de um canal de notícias era bem laboriosa. Na sociedade das mídias de massa não existia, portanto, uma infraestrutura para uma produção massiva de *fake news*. A televisão pode ser um império da aparência, mas ainda não é uma fábrica de *fake news*. A midiocracia como telecracia se baseia em show e entretenimento, não em notícias falsas e desinformação. Apenas com a conexão digital se atingiu a condição estrutural prévia para as rejeições infocráticas da democracia.

A midiocracia degrada a campanha eleitoral em uma *guerra de encenação* de mídias de massa. O discurso é substituído por um show eficaz ao público. A televisão como mídia principal da midiocracia funciona como palco político. Na infocracia, por sua vez, a campanha eleitoral se degenera em uma *guerra de in-*

formação. O Twitter não é *um palco midiocrá-tico, mas uma arena infocrática*. Para Trump, não se trata de fazer uma boa *performance*. Ao contrário, ele conduz uma guerra implacável da informação.

As guerras de informação são hoje condu-zidas com todos os meios técnicos e psicológi-cos imagináveis. Nos Estados Unidos e no Ca-nadá, os eleitores recebem ligações de robôs e são inundados com notícias falsas. Exérci-tos de *trolls* intervêm nas campanhas eleitorais ao propagarem *fake news e teorias da conspira-ção calculadas*. *Bots* sociais, contas-*fake* autô-nomas nas mídias sociais, se passam por pes-soas de verdade e postam, tuítam, curtem e compartilham. Propagam *fake news*, calúnias e comentários de ódio. Substitui-se, portanto, cidadãos por robôs. Fabricam massivamen-te votos [*Stimmen*] a preço de custo zero que geram a *Stimmung*, a atmosfera, o ambiente. Distorcem massivamente os debates políticos. Inflam também os números de seguidores de maneira artificial e simulam, com isso, um po-der de uma opinião que não existe. Com seus tuítes e comentários, podem alterar o ambiente das opiniões nas mídias sociais em uma direção desejada. Estudos revelam que uma pequena porcentagem de *bots* é suficiente para virar o ambiente das opiniões. Embora não influenciem diretamente a decisão eleitoral, manipulam seu *milieu* da decisão. Os eleitores ficam expostos *inconscientemente* a essa influência. Ao se orientarem pelo ambiente das redes, os políticos acabam influenciados diretamente por *bots* sociais em suas decisões políticas. A democracia está em perigo onde quer que cidadãos interajam com robôs de opinião, se deixando manipular por eles, onde quer que operadores, cuja procedência e motivos são completamente ocultos, interfiram e se intrometam nos debates políticos. Na campanha eleitoral como guerra de informação, não são os melhores argumentos que prevalecem, mas algoritmos inteligentes. Nessa infocracia, nessa guerra da informação, não há lugar para o discurso.

Na infocracia, informações são utilizadas como armas. A página na internet do radical de direita estadunidense e teórico da conspiração Alex Jones se chama, significativamente, *infowars*, guerra da informação. É um representante proeminente da infocracia. Com suas rudes teorias da conspiração e *fake news*, atinge um público de milhões de pessoas que acreditam nele. Apresenta-se como "guerreiro da informação" (*infowarrior*) contra o *establishment* político. Donald Trump o conta expressamente entre as pessoas a quem tem que agradecer em sua vitória nas eleições de 2016. *Infowars* com *fake news* e teorias da conspiração indicam o estado da democracia atual, no qual verdade e veracidade não têm mais nenhum valor. A democracia afunda em uma selva de informações inescrutáveis.

Na disputa eleitoral como guerra de informação, os assim chamados memes desempenham um papel central. Memes são desenhos cômicos, fotomontagens ou vídeos curtos, dotados de uma frase curta provocante, que se propagam de modo viral nas mídias sociais. Logo após a vitória de Donald Trump nas eleições, o *Chicago Tribune* citou um usuário do *4chan*: "*we actually elected a meme as president*" [na verdade, elegemos um meme como presidente]. A CNN apelidou as eleições estadunidenses de 2020 de "eleição-meme" (*The Meme Election*). A disputa eleitoral é conduzida como "a grande guerra memeal" (*The Great Meme War*). Fala-se também da "guerra memética" (*Memetic Warfare*).

Memes são *vírus mediais* que se propagam, se reproduzem e também se mutam extremamente rápido na rede. O núcleo de uma informação, o RNA do meme, por assim dizer, é implantado em um invólucro visual infeccioso. A comunicação baseada em memes como *contaminação viral* dificulta o discurso racional ao mobilizar, mais do que nada, afetos. A guerra de memes indica que a comunicação digital privilegia cada vez mais o visual perante o textual. Imagens são, justamente, mais rápidas do que textos. Nem o discurso, nem a verdade são virais. A visualização intensificada da comunicação impede ainda mais o discurso democrático, pois imagens não argumentam ou fundamentam.

A democracia é lenta, prolixa e tediosa. A propagação viral de informações, a *infodemia*, prejudica, assim, de modo massivo o processo democrático. Argumentos e fundamentações não cabem em tuítes ou memes que se propagam e multiplicam em velocidade viral. A coerência lógica que caracteriza o discurso é estranha à mídia viral. Informações têm sua própria lógica, sua própria temporalidade, sua *própria dignidade para além da verdade e da mentira. Fake news* também são, *num primeiro momento, informações.* Antes de instaurar o processo de verificação, já tiveram *todo efeito.* Informações ultrapassam num piscar de olhos a verdade e esta não lhes pode alcançar. Está condenada ao fracasso, portanto, a tentativa de, com a verdade, querer lutar contra a infodemia. Esta é *resistente à verdade.*

O fim da ação comunicativa

Em seu ensaio *A inteligência coletiva*, o teórico das mídias Pierre Lévy imagina uma democracia digital mais direta do que a democracia direta. Aquela deve *tornar fluida* a democracia representativa endurecida com mais comunicação, com *feedback* constante. Assemelha-se ao conceito do *feedback* líquido, um software que fora introduzido, no âmbito da perda de significado do Partido Pirata nesse ínterim, para formação de opinião e tomada de decisão: "A democracia em tempo real [...] cria um tempo de decisão e avaliação continuada, na qual um coletivo responsável sabe que no futuro será confrontado com as consequências de suas decisões atuais"[25]. No lu-

---

25. LÉVY, P. *Die kollektive Intelligenz* – Für eine Anthropologie des Cyberspace. Colônia, 1998, p. 91 [trad. bras.: *A inteligência coletiva*: por uma antropologia do ciberespaço. 3. ed. São Paulo: Loyola, 2000].

gar da representação que cria distância, surge a presença da participação imediata. A democracia em tempo real digital é uma *democracia em presença*. Faz do *smartphone* um *parlamento móvel*, promovendo debates dia e noite em qualquer parte.

A democracia em tempo real sonhada nos inícios da digitalização como democracia do futuro, se mostra como uma ilusão completa. Enxames digitais não formam um coletivo responsável, que age politicamente. Os *followers*, na condição de novos súditos das mídias sociais, deixam-se adestrar em gado de consumo por *smart influencers*, influenciadores inteligentes. Ficam despolitizados. A comunicação dirigida pelos algoritmos nas mídias sociais não é nem livre, nem democrática. Leva a uma nova interdição [*Entmündigung*]. O *smartphone* é uma coisa completamente diferente do parlamento móbil, é um aparato de submissão. Acelera a fragmentação e o desmoronamento da esfera pública ao, enquanto *vitrine móbil*, difundir o privado incessantemente. Cria, mais propriamente, zumbis de consumo e comunicação como cidadãos emancipados [*mündige*].

A comunicação digital provoca uma reversão no fluxo de informações que tem efeitos destrutivos para o processo democrático. Informações são propagadas sem que passem pelo espaço público. São produzidas em espaços privados e enviadas a espaços privados. A rede não forma, assim, nenhuma esfera pública. Mídias sociais intensificam essa *comunicação sem comunidade*. Não se pode formar esfera pública política de influenciadores e seguidores. *Communities* digitais são uma forma de mercadoria da comunidade. Na realidade, são *commodities*. Não são capazes de *ação política*.

À rede digital falta a estrutura de anfiteatro das mídias de massa convencionais, que focalizam temas relevantes para a sociedade como um todo e guiam a atenção de toda a população. As forças centrífugas que lhe são inerentes fazem com que a esfera pública decaia em enxames efêmeros, fugidios, guiados por interesses. Torna-se mais difícil, com isso, a ação comunicativa, que necessita de esferas públicas estáveis e amplas.

Ao lado dos problemas trazidos pela mudança da esfera pública para a estrutura digital, há processos sociais responsáveis pela crise da ação comunicativa. O pensamento político é, segundo Hannah Arendt, "representativo", no sentido de que "o pensamento do outro está sempre copresente". A representação como *presença do outro* na própria formação de opinião é constitutivo para a democracia como práxis *discursiva*: "formo uma opinião ao observar determinada questão a partir de diferentes pontos de vista, ao imaginar os pontos de vista dos ausentes e, assim, correpresentá-los"[26]. A *imaginação* é necessária para o discurso democrático, já que ela me torna capaz, "sem renunciar à própria identidade, de ocupar uma posição no mundo que não é a minha, e, desde essa posição, formar minha própria opinião"[27]. A reflexão que leva à formação da opinião é, para Arendt, "verdadeiramente discursiva"[28] na medida em que

---

26. ARENDT, H. "Wahrheit und Politik" [Verdade e política]. In: *Zwischen Vergangenheit und Zukunft* – Übungen im politischen Denken I. Munique, 2000, p. 327-370. Aqui: p. 342. [trad. bras.: *Entre o passado e o futuro*. 7. ed. São Paulo: Perspectiva, 2011].

27. Ibid.

28. Ibid., p. 343.

coimagina, tornando presente, a *posição do outro*. Sem a *presença do outro*, minha opinião não é discursiva, muito menos representativa, mas autista, doutrinária e dogmática.

A *presença do outro* é constitutiva também da ação comunicativa no sentido habermasiano: "o conceito de ação comunicativa compele a se observar tanto como falantes quanto como ouvintes os agentes que se referem a algo do mundo objetivo, social ou subjetivo e, ao fazer isso, elevam mutuamente as reivindicações de validade que podem ser aceitas e questionadas. Os atores não fazem mais referência *levianamente* a algo no mundo objetivo, social ou subjetivo, mas relativizam meu comentário sobre algo no mundo tendo em conta a possibilidade de que sua validade será contestada por *outros* autores"[29]. *Levianamente* ou *diante de si* não é um *movimento discursivo. É cegueira discursiva*. O discurso é um movimento de

---

29. HABERMAS, J. *Vorstudien und Ergänzungen zur Theorie des kommunikativen Handelns*. Frankfurt am Main, 1984, p. 588, destaque de Byung-Chul Han [trad. bras.: "Estudos preliminares e complementares". In: *Facticidade e validade*. São Paulo: Unesp, 2020].

ir e vir. Em latim, *discursus* significa *andar ao redor*. No discurso, somos desviados de nossas próprias convicções em sentido positivo *pelo outro*. Apenas a *voz do outro* outorga ao meu comentário, à minha opinião, uma qualidade discursiva. Na ação comunicativa, tenho que imaginar a possibilidade de que meu comentário seja posto em questão pelo outro. Um comentário sem interrogação não tem caráter discursivo.

A crise atual da ação comunicativa pode ser atribuída ao metanível de que *o outro está desaparecendo*. A desaparição do outro significa o fim do discurso. Toma da opinião a racionalidade comunicativa. A expulsão do outro reforça a coação da autopropaganda de doutrinar a si mesmo com suas próprias ideias. Essa autodoutrinação produz infobolhas autistas que dificultam a ação comunicativa. Aumentando a coação à autopropaganda, espaços discursivos ficam cada vez mais recalcados por câmeras de eco, nas quais eu escuto sobretudo a mim mesmo falar.

O discurso pressupõe a separação entre opinião e identidade próprias. As pessoas que não têm essa capacidade discursiva aderem de modo desesperado à sua opinião, pois senão ficariam ameaçadas de perderem sua identidade. Por esse motivo, a tentativa de dissuadi-las de suas convicções está condenada ao fracasso. Não escutam o *outro, não escutam atentamente*. O discurso, contudo, é uma práxis *da escuta atenta*. A crise da democracia é, antes que mais nada, uma *crise da escuta atenta*.

Segundo Eli Pariser, é a personalização algorítmica da rede que destrói o espaço público: "a nova geração dos filtros de internet olha para o que você parece gostar – como você era ativo na rede ou quais coisas ou pessoas você curtiu – e extrai conclusões em conformidade a isso. Máquinas geram prognósticos que projetam e refinam ininterruptamente uma teoria sobre sua personalidade e que preveem o que você quer e fará a seguir. Juntas, essas máquinas produzem um universo de informações completamente próprio para cada um de nós – aquilo que chamo de *Filter Bubble*, filtros-bolhas – e alteram, assim, fundamentalmente como chegamos a informações e ideias"[30]. Quanto mais tempo eu ficar na internet, mais minha *Filter Bubble* é preenchida com informações que eu curto e que corroboram minhas convicções. Apenas algumas opiniões e visões sobre o mundo que estão em conformidade comigo me são mostradas. Outras informações são retidas. A *Filter Bubble* me envolve, assim, em um "looping-do-eu" permanente.

Eli Pariser vê a própria democracia em risco pela personalização da rede. Os temas relevantes para a sociedade que, contudo, ficam fora do interesse próprio imediato seriam, para Pariser, a base e o fundamento da existência da democracia. A personalização da internet faz com que nosso mundo de vida e nosso horizonte de experiência fique cada vez menor, cada vez mais restrito. Desse modo, ela leva, nessa visão de Pariser, à desintegração da esfera pública democrática: "nas *Filter Bubble* o espaço público – o

---

30. PARISER, E. *Filter Bubble – Wie wir im Internet entmündigt werden*. Munique, 2012, p. 17 [trad. bras.: *O filtro invisível*: o que a internet está escondendo de você. Rio de Janeiro: Ed. Zahar, 2012].

âmbito no qual problemas comuns são reconhecidos e processados – é simplesmente insignificante"[31].

A fraqueza decisiva da teoria das *Filter Bubble* consiste em que ela reduz o estreitamento do horizonte de expectativa na sociedade da informação somente à personalização algorítmica da rede. Ao contrário do que Pariser supõe, a desintegração da esfera pública não é *um problema puramente técnico*. A personalização de resultados de busca e *feed* de notícias constitui apenas uma parcela pequena desse processo de desintegração. A autodoutrinação ou autopropaganda já existia *off-line*.

A atomização e a narcisização crescente da sociedade nos ensurdecem perante a *voz do outro*. Levam igualmente à *perda da empatia*. Hoje, cada um presta homenagem ao culto de si mesmo. Cada um perfoma e se produz. Não é a personalização algorítmica da rede, mas o *desaparecimento do outro*, a *incapacidade de ouvir atentamente*, que é responsável pela crise da democracia. A situação discursiva na qual se

---

31. Ibid., p. 156.

aspira uma conciliação não é sem pressupostos, ou sem contexto. É, em vez disso, envolvida por um horizonte de subentendimentos ou práticas sociais que determinam a ação comunicativa de maneira *pré-reflexiva*. Habermas dá o nome de "mundo da vida" para o horizonte feito de modelos concordantes de interpretação. Forma um consenso de pano de fundo que estabiliza a ação comunicativa: "ao se entender frontalmente um com o outro sobre algo em um mundo, falante e ouvinte se movem no interior do horizonte de seu mundo da vida comum; este permanece a ambos um pano de fundo holístico intuitivamente conhecido, sem problemas e irredutível. A situação de fala é parte isolada, a cada vez em vista do tema respectivo de um mundo da vida que tanto forma um *contexto* para o processo de entendimento como também lhe disponibiliza *recursos*. O mundo da vida forma um horizonte e oferece simultaneamente um estoque de subentendimentos"[32].

---

32. HABERMAS, J. *Der philosophische Diskurs der Moderne*. Zwölf Vorlesungen. Frankfurt am Main, 1985, p. 348 [trad. bras.: *O discurso filosófico da modernidade*: doze lições. São Paulo: Martins Fontes, 2000].

Um mundo da vida intacto é possível apenas em uma sociedade relativamente homogênea que partilha os valores e tradições culturais iguais. Já a globalização e a *hiperculturalização* condicionada da sociedade[33] desfazem contextos e coerências de tradições culturais que nos ancoram em um mundo da vida comum. Não há mais, hoje, ofertas convencionais de identidade com uma validade pré-reflexiva. Não estamos mais *lançados* [*geworfen*] em um mundo-da-vida que percebemos como evidente e sem problemas. É, então, uma questão de *projeto* [*Entwurf*]. O horizonte holístico percebido como irredutível está lançado em um processo radical de fragmentação. Ao lado da globalização, a digitalização e a conexão aceleram a desintegração do mundo da vida. A *desfatualização e a descontextualização* crescentes *do mundo da vida* destroem esse "pano de fundo holístico" da ação comunicativa. O desaparecimento de uma facticidade da vida

_____

33. Cf. HAN, B.-C. Hyperkulturalität, Kultur und Globalisierung. Berlim, 2005 [trad. bras.: *Hiperculturalidade*: cultura e globalização. Trad. Gabriel S. Philipson. Petrópolis: Vozes, 2019].

mundana dificulta massivamente a comunicação orientada ao entendimento.

Perante a desfatualização do mundo da vida, surgem necessidades e esforços de estabelecer espaços na rede nos quais as experiências de identidade e comunidade voltem a ser possíveis, ou seja, de construir um *mundo da vida baseado na rede* que seja percebido como evidente e sem problemas. A rede se torna, portanto, *tribalizada*. A tribalização da rede como *refatualização do mundo da vida* é propagada sobretudo no campo da direita, no qual é maior a necessidade de identidade do mundo da vida. O campo liberal dos cosmopolitas se garante evidentemente sem uma tribalização do mundo da vida. No campo de direita, até mesmo teorias conspiratórias são retomadas como *ofertas de identidade*. As tribos digitais tornam possível uma experiência forte de identidade e pertencimento. Para elas, informações não constituem uma *fonte de saber, mas de identidade*[34]. Teorias da conspiração são particularmente adequadas para a formação do biótopo tri-

---

34. SEEMANN, M. *Digitaler Tribalismus und Fake News* [Tribalismo digital e *fake news*] [disponível em: https://

bal na rede, pois tornam possíveis demarcações e segregações constitutivas para o tribalismo e sua política de identidade.

A demarcação e o isolamento tribal na rede não são resultados da personalização algorítmica da rede. Não podem ser reduzidos ao efeito da *Bubble Filter*. As tribos digitais se isolam ao selecionar informações *desde si* e ao implantá-las para sua política de identidade. Ao contrário da tese da *Bubble Filter*, são confrontadas completamente em suas infobolhas com fatos e dados que contradizem sua convicção. Mas eles são simplesmente ignorados, pois não se adequam à narrativa que gera a identidade, pois renunciar às convicções seria perder a identidade, o que é preciso evitar a qualquer custo. Assim, os coletivos tribais identitários denegam todo e qualquer discurso, todo e qualquer diálogo. A conciliação não é mais possível. A opinião externada por eles não é discursiva, mas *sagrada*, pois ela coincide completamente com a identidade que lhes é impossível renunciar.

---

www.ctrl-verlust.net/digitaler-tribalismus-und-fake-news/ – Acesso: 13/06/2021].

Na ação comunicativa, cada participante reivindica uma validade. Se ela não for aceita pelo outro, não se tem um discurso. O discurso é um ato comunicativo que tenta obter um entendimento face às diferentes reivindicações de validade. É realizado com argumentos, com os quais as reivindicações de validade são fundamentadas ou refutadas. A racionalidade inerente ao discurso se chama *racionalidade comunicativa*.

A reivindicação de validade das tribos digitais entendidas como coletivos de identidade não é discursiva, mas absoluta, pois lhe falta a racionalidade comunicativa. Esta está vinculada a determinadas regras. Em relação à opinião externada, pressupõe tanto a possibilidade de ser criticada quanto a capacidade de ser fundamentada: "Uma opinião cumpre o pressuposto da racionalidade quando e na medida em que incorpora saber falível para que tenha uma referência ao mundo objetivo, ou seja, uma relação com os fatos, e para que esteja disponível para uma avaliação objetiva"[35].

---

35. HABERMAS, J. *Theorie des kommunikativen Handelns*. Vol. 1. Frankfurt am Main, 1988, p. 27 [trad. bras.: *Teoria*

No universo pós-factual das tribos digitais, a opinião não tem mais relação alguma com os fatos. Desse modo, prescinde de toda e qualquer racionalidade. Não é nem criticável, nem necessita de fundamentação. Quem *se compromete* com ela, contudo, recebe uma sensação de *pertencimento*. O discurso é substituído, portanto, pela *crença e pelo voto de fé*. Fora da área de cada tribo, então, há apenas inimigos – os *outros*, afinal – que devem ser combatidos. O tribalismo atual, que pode ser observado não apenas na direita, mas também na política identitária de esquerda, divide e polariza a sociedade. Faz da identidade um escudo ou uma fortaleza que rechaça toda outridade. A tribalização progressiva da sociedade ameaça a democracia. Leva a uma *ditadura da identidade e da opinião tribalista* que carece de toda racionalidade comunicativa.

A comunicação tem se tornado hoje cada vez menos discursiva, à medida que lhe escapa cada vez mais a *dimensão do outro*. A socie-

---

do agir comunicativo. Vol. 1. São Paulo: WMF Martins Fontes, 2012].

dade decai em *identidades inconciliáveis sem alteridade*. Em vez do discurso, tem lugar uma *guerra de identidades*. A sociedade perde, com isso, o comum [*Gemeinsame*], o espírito público [*Gemeinsinn*]. *Não ouvimos mais o outro de maneira atenta. Ouvir atentamente* é um ato político, à medida que só com ele as pessoas formam uma comunidade e se tornam capazes de discursar. Ele promove um *nós*. A democracia é uma *comunidade da escuta atenta*. A comunicação digital como *comunicação sem comunidade* destrói a *política da escuta atenta*. Só ouvimos ainda, então, a nós mesmos falar. Isso seria o fim da ação comunicativa.

Racionalidade digital

Dataístas acham que não apenas a desintegração da esfera pública mas também a massa pura de informações e a complexidade rapidamente crescente da sociedade de informações tornam obsoleta a ideia da ação comunicativa: "a sociedade do século XXI é complexa demais e apenas graças à tecnologia da informação essa complexidade se torna *visível demasiado claramente como tal.* [...] A informação a ser processada se tornou tão volumosa que ultrapassou a 'racionalidade limitada' dos indivíduos. Com isso, a comunicação entre as pessoas no dia a dia ficou tão paralisada que os pressupostos postulados por Arendt e Habermas dificilmente encontram validade na realidade. [...] Na sociedade de hoje, os cidadãos não conseguem mais acreditar em um pano de fundo comum da discussão que permitiria o seu início. Não podem mais pressupor que tomam parte dessa discussão como membros da mesma comunidade. A esfera pública tão estimada por Arendt e Habermas como ideal não se realiza de modo algum"[36].

Perante a erosão da ação comunicativa, Habermas traz à palavra sua perplexidade: "simplesmente não sei como poderia parecer no mundo digital um equivalente funcional para a estrutura da comunicação das amplas esferas públicas políticas, surgida desde o século XVIII, mas hoje prestes a se desintegrar. [...] Como preservar no mundo virtual da rede descentralizada [...] uma esfera pública com circulações comunicativas que a população concebesse como algo *inclusivo*?"[37] Os dataístas aproveitariam a evasiva e imaginariam uma racionalidade que se sustentaria plenamente

---

36. AZUMA, H. *General Will 2.0* – Rousseau, Freud, Google [*Vontade geral 2.0*. – Rousseau, Freud, Google]. Nova York, 2014, p. 68-69.

37. HABERMAS, J. Moralischer Universalismus in Zeiten politischer Regression. Jürgen Habermas im Gespräch über die Gegenwart und sein Lebenswerk [Universalismo moral em tempos de regressão política. Conversa com Jürgen Habermas sobre o presente e sua obra]. *Leviathan*, 48, jan. 2020, p. 7-28, aqui p. 27.

sem ação comunicativa. Veem justamente no *Big Data* e na inteligência artificial um *equivalente funcional* para a esfera pública discursiva prestes hoje a se desintegrar, mas que torna obsoleta a teoria de Habermas da ação comunicativa. O discurso é substituído por dados. O processamento do *Big Data* incluiu e abarcou a população. Os dataístas afirmariam até mesmo que a inteligência artificial *ouve atentamente melhor* do que o ser humano.

Podemos chamar a forma de racionalidade que se sustenta sem discurso de *racionalidade digital*. É oposta à racionalidade comunicativa que conduz um discurso. Junto à capacidade de fundamentação, a disponibilidade de aprendizado é constitutiva para a racionalidade comunicativa. Assim escreve Habermas: "opiniões racionais são também, graças à possibilidade de serem criticadas, *passíveis de serem melhoradas*: podemos corrigir tentativas fracassadas quando conseguimos identificar os erros que ocorreram. O conceito de *fundamentação* está entrelaçado com o de *aprendizado*. Para o processo do aprendizado, a argumentação também assume um papel importante. Assim, chamamos de racional uma pessoa que expressa opiniões fundamentadas no âmbito cognitivo-instrumental e age de maneira eficiente; só que essa racionalidade permanece aleatória, caso não seja acoplada com a capacidade de aprender com os fracassos, com a refutação de hipóteses"[38]. A inteligência artificial não fundamenta, mas calcula. Em vez de argumentos, surgem algoritmos. Argumentos podem ser *aprimorados* no processo discursivo. Algoritmos, por sua vez, são *otimizados* continuamente no processo maquinal. Com isso, podem corrigir seus erros por conta própria. A racionalidade digital substitui o aprendizado discursivo pelo *Machine Learning*, pelo aprendizado das máquinas. Algoritmos pantomimam, portanto, argumentos.

Da perspectiva dataísta, o discurso não é outra coisa do que uma forma lenta e ineficiente de processamento de informação. As reivindicações de validade reivindicadas pelos participantes do discurso têm como funda-

---

38. HABERMAS, J. *Teoria da ação comunicativa*. Op. cit., p. 38-39.

mento um processamento insuficiente de informação. A ação comunicativa é, afirmariam os dataístas, possível apenas no marco de uma quantidade abarcável de informação, pois o entendimento humano finito não é capaz de processar uma grande quantidade de informação. A digitalização conduz, contudo, a uma *proliferação informacional* que dinamita o marco discursivo.

Os dataístas acreditam que o *Big Data* e a inteligência artificial nos capacitam a um olhar divino, católico que abrange todos os processos sociais de modo preciso e os otimiza para o bem-estar de todos. Alex Pentland, diretor do *Human Dynamics Lab* [Laboratório de dinâmicas humanas] no MIT [Instituto de Tecnologia de Massachusetts], um dataísta convicto, escreve em seu livro *Social Physics – How Social Networks Can Make Us Smarter* [Física social – como redes sociais podem nos tornar mais inteligentes]: "Com o *Big Data* temos a possibilidade de observar a sociedade em toda sua complexidade, pelas milhares de conexões de trocas interpessoais. Tivéssemos um 'olho divino", uma vista católica, poderíamos potencialmente desenvolver um entendimento autêntico de como a sociedade funciona e empreender um passo para a solução de nossos problemas"[39].

O discurso conduzido pelo entendimento humano desvanece perante tal visão divina do *Big Data*. O saber total digital torna o discurso supérfluo. Os dataístas opõem à teoria da ação comunicativa de Habermas uma *teoria behaviorista da informação* que se sustenta sem discurso. Na imagem de mundo dataísta, não incide o indivíduo que age racionalmente, que faz uma reivindicação de validade e que a sustenta com argumentos.

O *Data-Mining*, a mineração de dados, por meio do *Big Data* e da inteligência artificial, descobre soluções otimizadas para problemas e conflitos de uma sociedade compreendida como sistema social calculável, sendo vantajoso para todos os participantes às quais estes,

---

39. PENTLAND, A. *Social Physics – How Good Ideas Spread – The Lessons from a New Science* [*Física social – Como boas ideias se espalham – lições de uma nova ciência*]. Nova York, 2014, p. 11.

no entanto, não chegariam devido à sua capacidade limitada de processar informações. O *Big Data* e a inteligência artificial encontram, portanto, decisões inteligentes, até mesmo *mais racionais* do que indivíduos humanos com sua capacidade limitada de processar grandes quantidades de informação. Do ponto de vista dataísta, a racionalidade digital é muito superior à racionalidade comunicativa.

Os dataístas estão convencidos de que a humanidade dispõe pela primeira vez na história dos dados que a proporciona um saber total sobre a sociedade. Prometem-nos um mundo sem guerra ou crise financeira, no qual doenças infecciosas também podem ser rapidamente detectadas e sustidas. Pentland escreveu em 2014 que apenas dados podem impedir um extermínio por uma pandemia gripal. Para ele, contudo, é o zelo para com a esfera privada que atrapalha o desenvolvimento decisivo da civilização: "o obstáculo principal para que alcancemos essas metas são os escrúpulos em relação à esfera privada e o fato de que ainda não temos um consenso quanto à apreciação de valores pessoais e sociais. Não devemos ignorar o bem público que poderia disponibilizar um sistema sensório como esse. Centenas de milhares de pessoas poderiam morrer na próxima pandemia gripal, e dispomos, nesse ínterim, evidentemente dos meios para reduzir tais catástrofes. Analogamente, também somos capazes não apenas de reduzir drasticamente o consumo de energia nas cidades, como também [...] de planejar cidades e municípios de um modo a fazer com que suas taxas de criminalidade se reduzam e, ao mesmo tempo, sua produtividade e criatividade se elevem"[40].

Dataístas têm em mente uma sociedade que se sustenta completamente *sem política*. No momento em que um sistema social, argumentariam eles, possuir uma estabilidade satisfatória, ou seja, quando um amplo consentimento com o sistema for dominante em todas as camadas sociais, se torna supérflua a ação política em sentido enfático que poderia criar um novo estado social. Onde minguam conflitos de classe e de interesse, partidos também perdem sentido. Eles ficam cada vez mais

---

40. Ibid., p. 153.

parecidos. Partidos e ideologias teriam sentido, continuariam argumentando os dataístas, apenas em uma sociedade na qual dominassem desigualdades sistêmicas, como a injustiça social ou de classe massivas. Da perspectiva dataísta, a democracia partidária não existirá mais no futuro próximo. Dará lugar à *infocracia como pós-democracia digital*. Políticos serão substituídos por especialistas e técnicos informáticos, que passarão a *administrar* a sociedade para além de pressupostos ideológicos e independentes de interesses do poder. A política será substituída pelo *management impulsionado por dados do sistema*. Decisões socialmente relevantes serão tomadas por meio do Big Data e da inteligência artificial. Mas vão se tornar secundárias. Não é um mais em discurso e comunicação, mas um mais em dados e algoritmos inteligentes o que a otimização do sistema social promete: a *felicidade geral*.

Entusiasmado pelo método estatístico do século XVIII, Rousseau desenvolveu uma *racionalidade aritmética* que se sustenta "sem comunicação" (*aucune communication*). É oposta à racionalidade comunicativa. Rousseau pensa a vontade geral (*volonté générale*) como uma medida puramente numérico-matemática encontrada além da ação comunicativa. Não é a comunicação, mas a operação aritmética, um algoritmo, portanto, que averigua a vontade geral. Em *Do contrato social*, Rousseau escreve: "com frequência há uma grande diferença entre a vontade de todos e a geral; a última pressupõe somente o melhor geral, a primeira o interesse privado e é apenas uma soma das vontades de todos. Subtraindo dessa vontade de todos o superior e o inferior que se anulam mutuamente, resta, como soma da diferença, a vontade geral"[41]. Rousseau indica expressamente que a verificação da vontade geral deve ter lugar "sem comunicação", ou até mesmo excluí-la. Que os cidadãos não se comuniquem uns com os outros, que não tenha lugar nenhum discurso, isso é a condição de possibilidade da verificação da vontade geral. Qualquer comunicação distorce a imagem da vontade geral. Desse modo, Rousseau interdi-

---

41. ROUSSEAU, J.-J. *Der Gesellschaftsvertrag*. Leipzig, 1981, p. 61 [trad. bras.: "O contrato social". *Os pensadores*. Vol. 24. São Paulo: Abril Cultural, 1997].

ta até mesmo a formação de partidos políticos e associações, pois anulam "diferenças" em benefício próprio. Cada um deve se aferrar a suas próprias convicções, a sua opinião individual, em vez de tomar parte em um discurso: "as diferenças cedem em número e levam a um resultado menos comum. Quando um desses agrupamentos fica, por fim, tão grande que acaba se envergando sobre todos os outros, por seu sobrepeso, o resultado deixa de ser a soma de pequenas diferenças, e passa a ser uma única diferença; nesse momento, já não há mais uma vontade geral, e a opinião do vencedor é apenas uma opinião singular. Para se ter uma clara apresentação da vontade geral é importante, por isso, que não exista no Estado, se possível, sociedades particulares e cada cidadão deve interceder apenas segundo sua própria convicção"[42].

Traduzido na linguagem dos dataístas, a tese de Rousseau é a seguinte: quanto mais dados diferentes estiverem disponíveis, mais autêntica é a vontade geral averiguada. Rousseau

---

42. Ibid.

é, com isso, o primeiro dataísta. Sua racionalidade aritmética que abdica completamente do discurso e da comunicação, tem proximidade com a racionalidade digital. O estatístico de Rousseau foi substituído, no regime da informação, pelo informático. A inteligência artificial deve calcular, sob o uso do *Big Data*, a vontade geral, a saber, o "melhor geral" de uma sociedade.

A racionalidade comunicativa consiste na autonomia e na liberdade dos indivíduos. Os dataístas, por sua vez, defendem um behaviorismo digital que rejeita a ideia de um indivíduo livre, que age de modo autônomo. Por serem behavioristas, estão convencidos de que o comportamento de um indivíduo pode ser prognosticado e conduzido de modo exato. O saber total torna obsoleta a liberdade do indivíduo: "sua abolição faz tempo que já deveria ter ocorrido. O 'ser humano autônomo' é um meio do qual nos servimos para explicar aquilo que não poderíamos explicar de outra maneira. É produto de nossa ignorância, e, conforme aumenta nosso saber, dissolve-se cada vez mais em nada a substância da qual é feito.

[...] podemos ser felizes quando tivermos nos libertado desse ser humano no ser humano. Só quando o despojarmos de seus direitos é que poderemos nos dedicar às verdadeiras causas do comportamento humano. E apenas então poderemos passar do deduzido ao observado, do maravilhoso ao natural, do insuficiente ao influenciável"[43].

Em oposição à racionalidade comunicativa, a racionalidade digital tem seu ponto de partida não no indivíduo, mas no coletivo. Do ponto de vista dataísta, o indivíduo que age de modo autônomo é uma ficção: "está na hora de abandonar a ficção do indivíduo como unidade fundante da racionalidade e reconhecer que nossa racionalidade, em grande medida, é determinada pela estrutura social circundante"[44]. Nosso comportamento se submete às leis da sociofísica. Os dataístas creem

---

43. SKINNER, B.F. *Jenseits von Freiheit und Würde*. Reinbek, 1973, p. 205-206 [trad. port.: *Para além da liberdade e da dignidade*. Lisboa: Edições 70, 2000].

44. PENTLAND, A. The death of individuality: What really governs your actions? [O fim da individualidade: o que realmente comanda suas ações?]. *New Scientist*, vol. 222, 2014, p. 30-31, aqui, p. 31.

que as pessoas não se distinguem fundamentalmente das abelhas e dos macacos: "a força da sociofísica advém do fato de que nossas ações cotidianas são quase continuamente habituais e, em grande parte, se baseiam naquilo que aprendemos pela observação do comportamento dos outros. [...] Isso quer dizer que podemos observar pessoas tanto quanto macacos ou abelhas e que podemos deduzir disso regras de comportamento, de reação e de aprendizado"[45].

Alex Pentland expande o *Data-Mining* até o *"Reality-Mining"* [mineração da realidade]. As pessoas são equipadas com assim chamados sociômetros que protocolam minuciosamente seus comportamentos, até a linguagem do corpo, e, com isso, geram uma enorme quantidade de dados de comportamento. O *"Reality-Mining"* com sensores digitais torna toda a sociedade calculável e governável: "já dentro de poucos anos teremos à disposição dados abrangentes praticamente sobre o comportamento da humanidade inteira – e cada

---

45. PENTLAND, A. *Social Physics*. Op. cit., p. 190.

vez mais. [...] E assim que tivermos desenvolvido uma visualização precisa do modelo da vida humana, poderemos esperar compreender e dirigir nossa sociedade moderna de um modo melhor ajustado à nossa rede complexa de humano e tecnologia"[46].

Dataístas concebem a sociedade como um organismo funcional. Ocorre apenas que uma alta complexidade a distingue de outros organismos. No interior da sociedade como organismo não há qualquer reivindicação de validade. Entre órgãos não se trava nenhum discurso. O que conta é apenas uma *troca eficiente de informações* entre unidades de função que garantam mais desempenho. Política e governo são substituídos por planejamento, controle e condicionamento.

O ponto de vista behaviorista sobre o ser humano simplesmente não coaduna com fundamentos democráticos. No universo dataísta, a democracia dá lugar a uma *infocracia impulsionada por dados* que se ocupam com a otimização da troca de informação. Análises de

---

46. Ibid., p. 12.

dados por meio da inteligência artificial substituem a esfera pública discursiva, o que significaria o fim da democracia. Shoshana Zuboff se volta, empática, contra a imagem dataísta do ser humano: "se quisermos renovar a democracia nas próximas décadas, precisaremos para isso do sentimento de indignação, uma sensibilidade para perceber a perda daquilo que nos está sendo tomado. [...] O que está em jogo aqui é a expectativa por parte dos seres humanos de ser senhor de sua própria vida e autor de sua própria experiência. O que aqui está em jogo é a experiência interior da qual formamos a vontade de querer e o espaço público no qual se age segundo essa vontade"[47].

Para os dataístas, esse empenho apaixonado pela liberdade e democracia soará como uma voz fantasmagórica de uma época que já passou. A ideia do ser humano que o funda na autonomia e liberdade individual, na "vontade de querer", terá, da perspectiva dataísta, apenas uma duração relativamente curta. Con-

---

47. ZUBOFF, S. *Das Zeitalter des überwachungskapitalismus*. Frankfurt am Main, 2018, p. 595 [trad. bras.: *A era do capitalismo da vigilância*. Rio de Janeiro: Intrínseca, 2021].

sentiriam com a morte do ser humano que Foucault já invocava no *As palavras e as coisas*: "O ser humano é uma invenção cuja recente data a arqueologia de nosso pensamento mostra facilmente. E talvez seu fim esteja próximo. [...] Então pode se apostar que o ser humano desapareceria, como um rosto de areia na beira do mar"[48]. Esse mar cujas ondas fazem o rosto desaparecer na areia é, então, um mar infinito de dados. O ser humano se dissolve nele em um registro de dados.

---

48. FOUCAULT, M. *Die Ordnung der Dinge* – Eine Archäologie der Humanwissenschaften. Frankfurt am Main, 1974, p. 462 [trad. bras.: *As palavras e as coisas*. São Paulo: Martins Fontes, 1995].

A crise da verdade

Um *novo niilismo* se prolifera hoje. Não se deve à circunstância de que as crenças religiosas ou os valores herdados perderam sua validade. Esse *niilismo do valor*, que Nietzsche expressou com "deus está morto" ou "revalorização de todos os valores", já está atrás de nós. O novo niilismo é um fenômeno do século XXI. Pertence às *rejeições patológicas da sociedade da informação*. Surge ali, onde perdemos a crença na verdade ela mesma. Na era das *fake news*, desinformações e teorias da conspiração, a realidade, com suas verdades factuais, se nos extraviou. Passam a circular, então, informações totalmente desacopladas da realidade, formando um espaço hiper-real. A crença na *facticidade* foi perdida. Vivemos, assim, em um universo *desfactuado*. Ao fim e ao cabo, com o desaparecimento das verdades factuais, desaparece também o *mundo comum* no qual podíamos nos reportar em nossa ação.

A crítica da verdade operada por Nietzsche não almeja, apesar de sua radicalidade, sua destruição, pois não nega a verdade ela mesma. Essa crítica apenas expõe sua origem moral. A verdade é des-*construída*, ou seja, *reconstruída* genealogicamente. Para Nietzsche, a verdade é um construto social que serve para possibilitar a vida comum humana. Ela lhe outorga um fundamento existencial: "*o impulso de verdade* começa com a forte observação de como o mundo efetivo está oposto ao da mentira e de como toda vida humana é incerta caso a verdade condicional não vigore de modo incondicional: é um convencimento moral da necessidade de uma convenção sólida, caso deva existir uma sociedade humana. Para cessar o *estado de guerra*, fora preciso começar fixando a verdade, isto é, *designar* as coisas de modo vinculativo. O mentiroso emprega as palavras para fazer o irreal parecer real, isto é, usurpa o fundamento sólido"[49]. A verdade evita que

---

49. NIETZSCHE, F. *Nachgelassene Fragmente 1869-1874*. Kritische Studienausgabe [Fragmentos póstumos 1869-

diferentes reivindicações de validade levem a um *bellum omnium contra omnes*, a uma guerra de todos contra todos, à *cisão total da sociedade*. Mantém a sociedade junta na condição de uma convenção necessária.

A crítica que Nietzsche dirige à sociedade seria radicalmente cancelada hoje. Ele nos certificaria que, nesse entretempo, o *impulso de verdade*, a *vontade de verdade* se extraviou completamente de nós. Apenas uma sociedade intacta desenvolve o impulso de verdade. O impulso de verdade que vai desaparecendo e a desintegração da sociedade se condicionam um ao outro. A crise da verdade prolifera-se ali, onde a sociedade se desintegrou em agrupamentos ou tribos, entre as quais não é mais possível uma conciliação, *uma designação vinculativa das coisas*. Na crise da verdade, perde-se o mundo comum, a linguagem comum. A verdade é um regulador social, uma ideia regulativa da sociedade.

1874. Edição crítica]. Berlin/Nova York, 1980, tomo 7, p. 492.

O novo niilismo é um sintoma da sociedade da informação. À verdade é inerente uma força centrípeta que mantém uma sociedade junta e coesa. A força centrífuga inerente às informações destrói a coesão social. O novo niilismo tem lugar no interior desse processo destrutivo, no qual *o discurso também se desintegra em informações*, levando à *crise da democracia.*

O novo niilismo não implica que a mentira foi feita verdade ou que a verdade foi difamada como mentira. Em vez disso, a própria diferenciação entre a verdade e a mentira é que foi anulada. Quem mente de maneira consciente e se contrapõe à verdade, legitima esta última de modo paradoxal. Mentir é possível apenas ali, onde a diferenciação entre verdade e mentira se mantém intacta. O mentiroso não perde a referência à verdade. Sua crença na realidade não é impactada. O mentiroso não é um niilista. Não põe a própria verdade em questão. Quanto mais resolutamente mentir, mais a verdade é comprovada.

Fake news não são uma mentira. Elas atacam a própria facticidade. Desfactizam a realidade. Ao afirmar de modo inescrupuloso tudo o que lhe convém, Donald Trump não é um mentiroso clássico que, conscientemente, retorce as coisas. Ao contrário, é indiferente perante a verdade factual. Quem é cego aos fatos e à realidade, constitui um perigo maior à verdade do que o mentiroso.

O filósofo estadunidense Harry Frankfurt chamaria Trump hoje de *Bullshitter*, um falador de merda. Quem fala merda não se opõe à verdade. É, em vez disso, indiferente à verdade. A explicação que Frankfurt dá da razão de existir tanta gente falando merda hoje, porém, é insuficiente: "falar merda é sempre inevitável quando as circunstâncias compelirem as pessoas a falar de coisas sobre as quais não entendem nada. A produção de merda é estimulada, então, quando uma pessoa fica numa posição ou até mesmo se vê obrigada a falar sobre um tema que excede o nível do seu saber acerca dos fatos relevantes a respeito do tema em questão. [...] Na mesma direção, opera a convicção largamente difundida de que o cidadão seria obrigado, em uma democracia, a desenvolver opiniões sobre todos os temas imagináveis ou ao menos sobre todas as perguntas relevantes para os assuntos públicos"[50]. Se falar merda se deve ao conhecimento insuficiente dos fatos, Trump não seria um falador de merda. Harry Frankfurt não conhece, evidentemente, a atual crise da verdade. Esta não pode ser reduzida à discrepância entre saber e fato ou ao conhecimento faltante da realidade. A crise da verdade estremece a crença nos próprios fatos. Opiniões podem divergir fortemente umas das outras. Mas são legítimas, enquanto "respeitarem a integridade dos estados de fato aos quais remetem"[51]. A liberdade de opinião se degrada, ao contrário, em farsa, caso perca a referência aos estados de fato e às verdades factuais.

A erosão da verdade começou muito antes da política de Trump das *fake news*. Em 2005, o *New York Times* elegeu o neologismo *truthiness* como uma das palavras que capturam o *Zeitgeist*. A *truthiness*, algo como a "veridade", reflete a crise da verdade. Faz referência

---

50. FRANKFURT, H.G. *Bullshit* [*Falar merda*]. Frankfurt am Main, 2006.

51. ARENDT, H. "Wahrheit und Politik". Op. cit., p. 339.

à verdade sentida que carece de toda objetividade, de toda solidez dos fatos. A arbitrariedade subjetiva que a distingue abole a verdade. Nela, vem à palavra a postura niilista em relação à realidade. É um fenômeno patológico da digitalização. Não pertence à cultura livresca. A digitalização é, justamente, o que faz erodir o factual. O moderador de televisão Stephen Colbert, quem colocou em circulação a palavra *truthiness*, comentou certa vez: "*I don't trust books. They're all fact, no heart*" [Não acredito em livros. São só fatos, sem coração]. Trump seria, por conseguinte, um *presidente do coração* que pouco uso faz do entendimento. O coração não é um órgão da democracia. Onde emoções e afetos dominam o discurso político, a própria democracia se vê em perigo.

Em *As origens do totalitarismo*, Hannah Arendt comenta sobre Hitler: "Hitler fez circular milhões de cópias do seu livro em que dizia abertamente que, para ser bem-sucedida, a mentira deve ser enorme, ou seja, que ela não deve se contentar em negar fatos isolados inseridos em um contexto de factualidade mantida intacta, no qual a factualidade intacta sempre revela a mentira, mas devem mentir sobre toda a factualidade de tal forma que todos os fatos isolados mentirosos, em um nexo coerente e convincente em si, ponham um mundo fictício no lugar do mundo real"[52]. Hitler não é, segundo Arendt, um mentiroso habitual. É capaz da mentira que cria, em sua *enormidade* e *totalidade*, uma nova realidade. Quem inventa uma nova realidade, não mente em sentido habitual.

A relação entre ideologia e verdade, contudo, é muito mais complexa do que pensa Arendt. A ideologia se traveste de verdade. Desse modo, Hitler também professa resolutamente a verdade. A verdade como instância não é abandonada. Hitler dissemina sua ideologia racista justamente em nome da verdade. Sua propaganda se faz aparecer sempre na luz da verdade. Haveria verdades, assim escreve Hitler, tão correntes que justamente por isso não seriam vistas ou, ao menos, reconhecidas, pelo mundo habitual. Este seria atravessado

---

52. ARENDT, H. *Elemente und Ursprünge totaler Herrschaft*. Op. cit., p. 909-910.

cegamente por elas e ficaria sumamente surpreso quando de repente alguém descobrisse o que, com efeito, todos deveriam saber. Verdade é um dos conceitos mais empregados no livro *Minha luta* de Hitler. Fala-se do "guardião de uma verdade superior"[53] ou da "verdade primordial"[54]. Ele se distancia do "representante da mentira e da calúnia"[55] e surge como proclamador da verdade. São justamente os judeus que ele difama como "artistas da mentira". Ele os acusa de uma mentira total. A existência deles teria sido construída sobre "algumas grandes mentiras"[56].

No Estado de vigilância totalitário de Orwell, a verdade, além disso, também permanece como uma instância. Ele é construído sobre uma mentira enorme que se distribui como verdade. Winston Smith, o protagonista, diz: "e se todos os outros tivessem aceitado as mentiras impostas pelo partido – quando todos os

---

53. HITLER, A. *Mein Kampf* [*Minha luta*]. Munique, 1943, p. 126.

54. Ibid., p. 296.

55. Ibid., p. 126.

56. Ibid., p. 253.

relatos fossem iguais – então a mentira entraria na história e se tornaria verdade"[57]. O partido mente, mas a enormidade da mentira é que faz com que ela vire verdade. Ele também faz uso da instância da verdade. Desse modo, o "ministério da verdade" assume um papel central na distopia de Orwell. É um enorme prédio branco e brilhante de concreto em forma de pirâmide que, com seus terraços, sobe aos céus por 300 metros. O prédio se impõe sobre a imagem da cidade. Compreende três mil cômodos. O ministério da verdade dedica-se à essência das notícias, ao tempo livre, à educação e à arte. Abastece a população com jornais, filmes, música, teatro e livros. Produz jornais chinfrins que contêm praticamente só crimes e esportes, romances baratos sensacionalistas e canções bregas e sentimentais. Quer-se impedir o pensamento autônomo da população. O ministério da verdade mantém até mesmo todo um departamento que produz pornografia de massa. O pornô é utilizado co-

---

57. ORWELL, G. *1984*. Frankfurt am Main, 1984, p. 39 [trad. bras.: Petrópolis: Vozes, 2022].

mo meio de poder. O viciado em pornô ou em jogos não se revolta contra a dominação.

A função central do ministério da verdade consiste em aniquilar as verdades de fato. A facticidade [*Faktizität*] dos fatos [*Tatsachen*] é anulada. O passado é apagado ao ser sempre colocado em concordância com o presente. Todos os documentos do arquivo são continuamente revisados e ajustados à atual linha do partido. O ministério da verdade pratica a mentira total de forma perfeita. Não propaga simplesmente uma *fake news* aqui e ali. Em vez disso, sustenta e perpetua uma realidade ficcional a qualquer preço. Fatos são retorcidos e reinterpretados, rementidos, até que se adequem à narrativa do partido que fundamenta a realidade.

No ministério da verdade, Winston está encarregado das falsificações. Fatos do passado, impróprios para o partido, são substituídos por ele por fatos fictícios. Logo após inventar uma pessoa ficcional chamada Ogilvy na reescrita de um artigo de jornal, ele diz para si mesmo: "camarada Ogilvy que nunca existira no presente, agora existe no passado, e tão logo o ato da falsificação caísse no esquecimento, existiria com a mesma autenticidade e com base no mesmo tipo de evidência que Carlos Magno ou Júlio César"[58].

A fraude universal, a mentira total, também intervém na linguagem. Cria-se uma linguagem, uma "novilíngua" (*Newspeak*) que consolida a mentira total. O vocabulário é radicalmente reduzido, e *nuances* linguísticas são aniquiladas para impedir pensamentos diferentes. A capacidade de pensar uma outra realidade, um outro mundo, do que o do partido, é tomada das pessoas. Na mentira total, a própria linguagem é retorcida e reinterpretada, rementida. Distinções conceituais claras se tornam impossíveis. Assim são os três lemas do partido: "Guerra é Paz. Liberdade é Escravidão. Ignorância é Força"[59].

As *fake news* de Trump estão muito distantes dessas enormes mentiras que criam uma nova realidade. A palavra "verdade" não passa pela boca de Trump. Ele não mente

---

58. Ibid., p. 52.
59. Ibid., p. 9.

92

em nome da verdade. Seus fatos alternativos não se juntam formando uma narrativa, uma narração ideológica. Falta-lhes continuidade e coerência narrativas. A política trumpista das *fake news* só é possível em um *regime desideologizado da informação*.

Hannah Arendt ainda tinha a convicção de que verdades de fato, apesar de sua vulnerabilidade, seriam "renitentes", de que elas dispõem de uma "rara tenacidade relacionada com não poderem ser revertidas ou desfeitas, como todos os resultados da ação humana – diferente dos produtos criados pela humanidade"[60]. A renitência e a tenacidade dos fatos pertencem, pois, ao passado.

A ordem digital abole a solidez do factual em geral, sim, a *solidez do ser*, ao totalizar a *produtibilidade*. Na produtibilidade total não há nada que não possa ser revertido ou desfeito. A digitalização, ou seja, o mundo informatizado, não é nada sólida ou tenaz. Ao contrário, é moldável e manipulável à vontade. *A digitalização é oposta diametralmente da factici-*

---

60. ARENDT, H. "Wahrheit und Politik". Op. cit., p. 363.

dade. A digitalização enfraquece a consciência factual, a consciência da realidade. A *produtibilidade total* é também a essência da fotografia digital. A fotografia analógica dá fé ao observador do *ser* do que *há*. Certifica a facticidade do "foi-assim"[61]. Ela nos mostra o que *há de fato*. Foi-assim ou isso-existe-também é a *verdade da fotografia*. A fotografia digital destrói a *facticidade como verdade*. Ela *produz* uma realidade que *não existe* ao eliminar a realidade como referente.

Não se explica o mundo só com um monte de informações. Após certa quantidade, elas até mesmo ofuscam o mundo. Ao nos depararmos com uma informação, temos sempre a suspeita de que a informação poderia ser *outra*. Ela vem acompanhada de uma *desconfiança fundamental*. Quanto mais informações diferentes são confrontadas, mais forte fica essa desconfiança. Na sociedade da informação, perdemos a confiança fundamental. É uma *sociedade da desconfiança*.

---

61. BARTHES, R. *Die helle Kammer*. Frankfurt am Main, 1985, p. 90 [trad. bras.: *A câmera clara*. Rio de Janeiro: Nova Fronteira, 2018].

A sociedade da informação reforça a experiência da contingência. À informação falta a *solidez do ser*: "sua cosmologia é uma cosmologia não do ser, mas da contingência"[62]. A informação é um conceito com duas faces. Uma cabeça de Janus. Como outrora o sagrado, tem "um lado abençoado e um assustador". Leva a uma "comunicação paradoxal", pois "reproduz segurança e insegurança". A informação gera uma *ambivalência fundamental e estrutural*. Assim comenta Luhmann: "o modelo fundamental da ambivalência assume a cada momento novas formas, mas a ambivalência permanece a mesma. Talvez seja isso que se tenha em vista quando se fala da 'sociedade da informação'?"[63].

A informação é *aditiva e cumulativa*. A verdade, por sua vez, é *narrativa e exclusiva*. Há superabundância de informação, há lixo de informação. A verdade, por sua vez, não abunda. Não é *abundante*. Opõe-se à informação

---

62. LUHMANN, N. *Entscheidungen in der "Informationsgesellschaft"*. Op. cit.

63. Ibid.

95

em múltiplos sentidos. Ela elimina a contingência e a ambivalência. Elevada à narrativa, promove sentido e orientação. A sociedade da informação, em contrapartida, é esvaziada de sentido. *Transparente* é apenas o *vazio*. Somos hoje até que *bem-informados*, mas desorientados. Às informações falta a força da orientação. Mesmo uma zelosa checagem de fatos não pode produzir a verdade, pois se trata mais de uma correção ou de uma precisão de uma informação. A verdade é, ao fim e ao cabo, uma *promessa*, como no provérbio bíblico: "sou o caminho, a verdade e a vida"[64].

Mesmo a verdade discursiva no sentido de Habermas tem uma dimensão teológica. É a "promessa de obter um consenso racional sobre o dito"[65]. Como "meio da argumentação"[66], o discurso dispõe do conteúdo de verdade das afirmações. A ideia da verdade é dimensiona-

---

64. João 14,6.

65. HABERMAS, J. Wahrheitstheorien [Teorias da verdade]. Em: *Vorstudien und Ergänzungen zur Theorie des kommunikativen Handelns* [Estudos preliminares e complementares sobre a teoria da ação comunicativa]. Frankfurt am Main, 1984, p. 127-182. Aqui, p. 137.

66. Ibid., p. 204.

da pela possibilidade de a pretensão de validade das afirmações poder ser cumprida discursivamente. Isso quer dizer: as afirmações devem resistir aos contra-argumentos possíveis e encontrar anuência de todos os participantes potenciais do discurso. A verdade discursiva como entendimento e consenso zela por uma coesão social. Ela estabiliza a sociedade ao abolir a contingência e a ambivalência.

A crise da verdade é sempre uma crise da sociedade. Sem verdade, a sociedade rui *internamente*. Mantém-se junta, então, apenas por relações exteriores, instrumentais, econômicas. As avaliações recíprocas, por exemplo, que hoje são praticadas em toda parte, destroem a relação humana ao submetê-las à comercialização total. Todos os valores humanos são hoje submetidos à lógica econômica e comercializados. A sociedade e a cultura se tornam elas mesmas formas de mercadoria. A mercadoria substitui a verdade.

Não se *ilumina* o mundo só com informações e dados. Sua essência é transparente. *Luz e obscuridade* são propriedades da informação. Originam-se, como *o bem e o mal* ou *a verdade e a mentira*, no espaço *narrativo*. A verdade em sentido enfático tem um caráter narrativo. Por isso, perde radicalmente significado na sociedade da informação.

O fim das grandes narrativas, que dá início à Pós-modernidade, se consuma na sociedade da informação. *Narrativas ruem em informações*. A informação é a contrafigura da narração. O *big data* se opõe à *grande* narrativa. O *big data* não *narra*, não *conta* nada. Digital significa, em francês, *numérique*. O numérico e o narrativo, a conta e o conto, pertencem a duas ordens fundamentalmente distintas. Teorias da conspiração prosperam especialmente em situações de crise. Hoje, não nos encontramos apenas em uma crise econômica ou pandêmica, mas também em uma *crise narrativa*. Narrativas promovem sentido e identidade. Desse modo, a crise narrativa leva ao vazio do sentido, à crise de identidade e à falta de orientação. Aqui, as teorias da conspiração remediam isso aparecendo como *micronarrativas*. São desenterradas como *recursos de identidade e sentido*. É esse o motivo para que se propaguem tanto, sobretudo na direita, onde a necessidade de identidade é especialmente manifesta.

Teorias da conspiração são resistentes às checagens de fatos, pois são narrativas que fundam, apesar de sua ficcionalidade, percepções da realidade. São, portanto, uma narrativa factual. Nelas, a ficcionalidade se reverte na factualidade [*Faktualität*]. Decisiva não é a facticidade, ou seja, a facticidade da verdade factual, mas a coerência narrativa que a torna fidedigna. Nas teorias da conspiração como narrativas, a contingência desaparece. Teorias da conspiração *contam excluindo* a contingência e complexidade tão onerosas especialmente em uma situação de crise. Na crise pandêmica, números puros como os "números de casos" ou a "incidência" aumentam a insegurança fundamental, pois não *esclarecem* nada. A simples *contagem* de números desperta uma necessidade por *contos*, por narrativas. É por isso que a crise pandêmica é um caldo de cultivo para teorias da conspiração. Com sua explicação total ou mentira total, aniquilam abruptamente a insegurança e incerteza onerosas.

A democracia não tolera o novo niilismo. Ela exige um falar a verdade. Apenas a infocracia se sustenta sem verdade. Em sua última lição, pouco antes de sua morte, Foucault se dedicou à "coragem da verdade" (*parrhesia*) como se pressentisse a crise vindoura da verdade, na qual perdemos a *vontade de verdade*. A "verdadeira democracia" (Foucault faz referência ao historiador grego Políbio) é guiada por dois princípios, o da *isegoria* e o da *parrhesia*. A *isegoria* diz respeito ao direito concedido a todo cidadão de se expressar livremente. A *parrhesia*, o dizer a verdade, pressupõe e exige a *isegoria*, mas excede o direito constitucional de tomar a palavra. Ela proporciona a determinados indivíduos "dizer o que pensam, o que assumem como verdadeiro, o que realmente assumem como verdadeiro"[67]. A *parrhesia* compromete as pessoas que agem politicamente, portanto, a dizerem a verdade,

---

67. FOUCAULT, M. *Die Regierung des Selbst und der anderen*. Vorlesungen am Collège de France 1982/1983 [*O governo de si e dos outros*. Lições no *Collège de France* 1982/83]. Frankfurt am Main, 2009, p. 205 [trad. bras.: FOUCAULT, Michel. *O governo de si e dos outros*. São Paulo: WMF Martins Fontes, 2010].

a cuidarem da comunidade ao se valerem da "fala verdadeira e racional"[68]. Quem, com coragem, toma a palavra apesar de todo o risco que esse ato traz consigo, exerce a *parrhesia*. A *parrhesia* promove a comunidade. É essencial para a democracia. O dizer a verdade é uma ação genuinamente política. A democracia vive à medida que a *parrhesia* é exercida e praticada: "primeiro, acredito que a *parrhesia* [...] tem uma conexão profunda com a democracia. Pode-se dizer que há um tipo de circularidade entre democracia e *parrhesia* [...]. Para que a democracia seja possível, deve haver *parrhesia*. Mas, ao contrário, a *parrhesia* é [...] um dos traços característicos da democracia. Ela é uma das dimensões essenciais da democracia"[69]. A *parrhesia* como coragem de verdade, a "corajosa *parrhesia*", é a *ação política por excelência*. No interior da verdadeira democracia reside, portanto, algo *heroico*. Ela necessita daquela pessoa que ousa, apesar de todo risco, pronunciar a verdade. A liberdade

---

68. Ibid., p. 204.

69. Ibid., p. 201-202.

de expressão, por sua parte, concerne apenas à *isegoria*. Só a *liberdade à verdade* cria a democracia real. Sem ela, a democracia se avizinha da infocracia.

A política também é um jogo do poder. A palavra *dynasteia* sinaliza a prática do poder, o "jogo pelo qual o poder é de fato praticado em uma democracia"[70]. A *dynasteia* na democracia, no entanto, não é cega. É sem autofim. O jogo do poder deve ter lugar no âmbito da *parrhesia*. A *parrhesia* limita e cerca. Onde o jogo do poder se torna autônomo, a democracia está em perigo. Donald Trump, por exemplo, incorpora o poder político que perdeu qualquer relação com a *parrhesia*. Oportunista, se orienta apenas a ganhar poder. *Fake news* são utilizadas como meios de poder.

A *parrhesia* se degenera hoje em uma liberdade concedida a qualquer um de dizer coisas abstratas, de dizer mesmo tudo o que quiser ou que lhe traga vantagens. Afirmam-se coisas impudicamente que não têm sequer relação com os fatos. A crítica à democracia de

---

70. Ibid., p. 206.

Platão diz respeito justamente a essa forma de *parrhesia*. A democracia cria, para Platão, no fim, um "Estado que transborda liberdade e franqueza (*eleutheria* e *parrhesia*)", um "Estado desordenado e colorido", um "estado sem unidade, no qual cada um anuncia sua opinião, segue suas próprias decisões e se comporta como quiser"[71]. A democracia está hoje nesse estado. Tudo pode ser afirmado à vontade. Desse modo, a unidade da própria sociedade está em perigo.

À *parrhesia* compreendida como arbitrariedade da opinião, Platão opõe a *parrhesia* boa, corajosa. O parresiasta se distingue de todos os outros oradores e políticos que, populistas, procuram adular o povo. Dizer a verdade é perigoso. Sócrates, justamente, incorpora a *parrhesia* corajosa. Seu discurso *se ocupa apenas com a verdade*. Dizer a verdade é sua tarefa, da qual não abdica até morrer. Coinci-

---

71. FOUCAULT, M. *Der Mut zur Wahrheit*. Die Regierung des Selbst und der anderen II. Vorlesung am Collège de France 1983/84 [*A coragem de verdade*. O governo de si e dos outros II. Lições no Collège de France 1983/1984]. Berlin, 2010, p. 58 [versão brasileira: FOUCAULT, M. *A coragem de verdade*. São Paulo: WMF Martins Fontes, 2011].

de com sua existência como filósofo. Assume para si, ao fazer isso, o risco de morrer. É de modo enfático que Foucault ressalta o papel de Sócrates como parresiasta: "aqui temos um exemplo que dá bastante prova de que se arrisca a vida na democracia quando se quer dizer a verdade em prol da justiça e da lei. [...] É verdade que a *parrhesia* é perigosa, mas também é verdade que Sócrates teve a coragem de assumir o risco dessa *parrhesia*"[72].

A filosofia dá adeus hoje ao dizer a verdade, à *preocupação com a verdade*. Quando Foucault chamou a filosofia de "um tipo de jornalismo radical"[73], entendendo a si mesmo como "jornalista", comprometeu a filosofia e a si mesmo a dizer a verdade. *Filosofia é dizer a verdade*. Os filósofos têm que, segundo Foucault, implacavelmente se ocupar com o "hoje". Praticam a *parrhesia* em relação àquilo que acontece *hoje*. Quando Hegel viu a tarefa da filosofia em abar-

---

72. Ibid., p. 109.

73. FOUCAULT, M. *Schriften in vier Bänden* – Dits et Écrits [*Escritos em 4 tomos*. Ditos e escritos]. Tomo 2, 1970-1975. Frankfurt am Main, 2002, p. 541 [versão brasileira: FOUCAULT, M. *Ditos e escritos*. Vol. II. Rio de Janeiro: Forense Universitária, 2013].

car o tempo em pensamento, compreendeu a si mesmo como jornalista. A preocupação com o hoje como preocupação com a verdade vale, ao fim e ao cabo, para o futuro: "eu penso que nós [filósofos] somos aqueles que fazem o futuro. O futuro é o modo como reagimos ao que acontece, é o modo como transportamos um movimento, uma dúvida, à verdade"[74]. À filosofia de hoje falta totalmente a relação com a verdade. Ela vem se afastando do hoje. Também *não tem*, assim, *futuro*.

Platão incorpora o *regime da verdade*. Em sua alegoria da caverna, um dos prisioneiros é levado para fora da caverna. O liberto vê a *luz da verdade* lá de fora e retorna à caverna para convencer os prisioneiros da realidade verdadeira. Atua como um parresiasta, como filósofo. Os prisioneiros, porém, não lhe dão crédito e tentam matá-lo. A alegoria da caverna termina com a frase "seria preciso realmente matar qualquer um que queira libertá-los [os prisioneiros] e levá-los para cima"[75].

---

74. Ibid.

75. PLATÃO. *A república*, 517a.

Estamos, hoje, aprisionados em uma *caverna digital* supondo estarmos em liberdade. Estamos agrilhoados na tela digital. Os prisioneiros da caverna platônica estão inebriados pelas imagens mítico-narrativas. A caverna digital, por sua vez, nos mantém *aprisionados em informações*. A *luz da verdade* está completamente extinta. Não há mais *fora* da caverna informacional. Um forte *ruído de informação* faz desaparecer os *contornos do ser*. A *verdade não gera ruído*.

A verdade tem uma temporalidade completamente diferente da informação. Enquanto a informação tem um lapso muito estreito de atualidade, a verdade se distingue pela *duração*. Desse modo, ela estabiliza a vida. Hannah Arendt destaca expressamente o significado existencial da verdade. A verdade nos dá uma *parada*. É "o fundamento no qual estamos e o céu que se estende sobre nós"[76]. Terra e céu pertencem à ordem terrena que vem sendo substituída hoje pela digital. Hannah Arendt habita ainda a ordem terrena. A verdade tem, para

---

76. ARENDT, H. "Wahrheit und Politik". Op. cit., p. 370.

Arendt, a *solidez do ser*. Na ordem digital, dá lugar à *fugacidade da informação*. Teremos que nos contentar, hoje, com informações. A *época da verdade* evidentemente passou. O regime da informação recalca o regime da verdade.

No estado totalitário, construído na base de uma mentira total, dizer a verdade é um ato revolucionário. A *coragem de verdade* distingue os parresiastas. Na sociedade pós-factual da informação, por sua vez, o *pathos* da verdade não leva a absolutamente nada. Perde-se em ruído da informação. A verdade decai em poeira de informação levada pelo vento digital. Terá sido um breve episódio.

Para ver os livros de
BYUNG-CHUL HAN

publicados pela Vozes, acesse:

livrariavozes.com.br/autores/byung-chul-han

ou use o QR CODE

Conecte-se conosco:

- **f** facebook.com/editoravozes
- **◉** @editoravozes
- **X** @editora_vozes
- **▶** youtube.com/editoravozes
- **☏** +55 24 2233-9033

www.vozes.com.br

Conheça nossas lojas:

www.livrariavozes.com.br

Belo Horizonte – Brasília – Campinas – Cuiabá – Curitiba
Fortaleza – Juiz de Fora – Petrópolis – Recife – São Paulo

EDITORA VOZES LTDA.
Rua Frei Luís, 100 – Centro – Cep 25689-900 – Petrópolis, RJ
Tel.: (24) 2233-9000 – E-mail: vendas@vozes.com.br